U0192880

贝克通识文库

李雪涛　主编

气候变化

〔德〕施特凡·拉姆斯多夫

〔德〕汉斯·约阿希姆·谢伦胡伯　著

谢宁　译

北京出版集团
北京出版社

著作权合同登记号：图字 01-2017-7304

DER KLIMAWANDEL by Stefan Rahmstorf/Hans Joachim Schellnhuber 7th ed.2012
©Verlag C.H.Beck oHG, München 2012

图书在版编目（CIP）数据

气候变化 / （德）施特凡·拉姆斯多夫
（Stefan Rahmstorf），（德）汉斯·约阿希姆·谢伦胡伯
著；谢宁译． — 北京：北京出版社，2023.9
　ISBN 978-7-200-16127-4

　Ⅰ. ①气… Ⅱ. ①施… ②汉… ③谢… Ⅲ. ①气候变
化—普及读物 Ⅳ. ①P467-49

中国版本图书馆 CIP 数据核字（2021）第 009170 号

总 策 划：高立志　王忠波　　选题策划：王忠波
责任编辑：陈　平　　　　　　责任营销：猫　娘
责任印制：陈冬梅　　　　　　装帧设计：吉　辰

气候变化
QIHOU BIANHUA

〔德〕施特凡·拉姆斯多夫　　〔德〕汉斯·约阿希姆·谢伦胡伯　著
谢宁　译

出　　版　北京出版集团
　　　　　北京出版社
地　　址　北京北三环中路 6 号
邮　　编　100120
网　　址　www.bph.com.cn
发　　行　北京伦洋图书出版有限公司
印　　刷　北京汇瑞嘉合文化发展有限公司
开　　本　880 毫米 ×1230 毫米　1/32
印　　张　6.5
字　　数　115 千字
版　　次　2023 年 9 月第 1 版
印　　次　2023 年 9 月第 1 次印刷
书　　号　ISBN 978-7-200-16127-4
定　　价　49.00 元

如有印装质量问题，由本社负责调换
质量监督电话　010-58572393

接续启蒙运动的知识传统

——"贝克通识文库"中文版序

一

我们今天与知识的关系，实际上深植于17—18世纪的启蒙时代。伊曼努尔·康德（Immanuel Kant，1724—1804）于1784年为普通读者写过一篇著名的文章《对这个问题的答复：什么是启蒙?》(*Beantwortung der Frage: Was ist Aufklärung?*)，解释了他之所以赋予这个时代以"启蒙"(Aufklärung)的含义：启蒙运动就是人类走出他的未成年状态。不是因为缺乏智力，而是缺乏离开别人的引导去使用智力的决心和勇气！他借用了古典拉丁文学黄金时代的诗人贺拉斯（Horatius，前65—前8）的一句话：Sapere aude！呼吁人们要敢于去认识，要有勇气运用自己的智力。[1]启蒙运动者相信由理性发展而来的知识可

---

[1] Cf. Immanuel Kant, *Beantwortung der Frage: Was ist Aufklärung?* In: *Berlinische Monatsschrift*, Bd. 4, 1784, Zwölftes Stück, S. 481–494. Hier S. 481。中文译文另有：(1)"答复这个问题：'什么是启蒙运动?'"见康德著，何兆武译：《历史理性批判文集》，商务印书馆1990年版（2020年第11次印刷本，上面有2004年写的"再版译序"），第23—32页。(2)"回答这个问题：什么是启蒙?"见康德著，李秋零主编：《康德著作全集》(第8卷·1781年之后的论文)，中国人民大学出版社2013年版，第39—46页。

以解决人类存在的基本问题，人类历史从此开启了在知识上的启蒙，并进入了现代的发展历程。

启蒙思想家们认为，从理性发展而来的科学和艺术的知识，可以改进人类的生活。文艺复兴以来的人文主义、新教改革、新的宇宙观以及科学的方法，也使得17世纪的思想家相信建立在理性基础之上的普遍原则，从而产生了包含自由与平等概念的世界观。以理性、推理和实验为主的方法不仅在科学和数学领域取得了令人瞩目的成就，也催生了在宇宙论、哲学和神学上运用各种逻辑归纳法和演绎法产生出的新理论。约翰·洛克（John Locke，1632—1704）奠定了现代科学认识论的基础，认为经验以及对经验的反省乃是知识进步的来源；伏尔泰（Voltaire，1694—1778）发展了自然神论，主张宗教宽容，提倡尊重人权；康德则在笛卡尔理性主义和培根的经验主义基础之上，将理性哲学区分为纯粹理性与实践理性。至18世纪后期，以德尼·狄德罗（Denis Diderot，1713—1784）、让-雅克·卢梭（Jean-Jacques Rousseau，1712—1778）等人为代表的百科全书派的哲学家，开始致力于编纂《百科全书》（Encyclopédie）——人类历史上第一部致力于科学、艺术的现代意义上的综合性百科全书，其条目并非只是"客观"地介绍各种知识，而是在介绍知识的同时，夹叙夹议，议论时政，这些特征正体现了启蒙时代的现代性思维。第一卷开始时有一幅人类知识领域的示意图，这也是第一次从现代科学意义上对所有人类知识进行分类。

    实际上，今天的知识体系在很大程度上可以追溯到启蒙时代以实证的方式对以往理性知识的系统性整理，而其中最重要的突破包括：卡尔·冯·林奈（Carl von Linné，1707—1778）的动植物分类及命名系统、安托万·洛朗·拉瓦锡（Antoine-Laurent Lavoisier，1743—1794）的化学系统以及测量系统。[1]这些现代科学的分类方法、新发现以及度量方式对其他领域也产生了决定性的影响，并发展出一直延续到今天的各种现代方法，同时为后来的民主化和工业化打下了基础。启蒙运动在18世纪影响了哲学和社会生活的各个知识领域，在哲学、科学、政治、以现代印刷术为主的传媒、医学、伦理学、政治经济学、历史学等领域都有新的突破。如果我们看一下19世纪人类在各个方面的发展的话，知识分类、工业化、科技、医学等，也都与启蒙时代的知识建构相关。[2]

    由于启蒙思想家们的理想是建立一个以理性为基础的社会，提出以政治自由对抗专制暴君，以信仰自由对抗宗教压迫，以天赋人权来反对君权神授，以法律面前人人平等来反对贵族的等级特权，因此他们采用各民族国家的口语而非书面的拉丁语进行沟通，形成了以现代欧洲语言为主的知识圈，并创

---

1 Daniel R. Headrick, *When Information Came of Age: Technologies of Knowledge in the Age of Reason and Revolution, 1700-1850*. Oxford University Press, 2000, p. 246.

2 Cf. Jürgen Osterhammel, *Die Verwandlung der Welt: Eine Geschichte des 19. Jahrhunderts*. München: Beck, 2009.

造了一个空前的多语欧洲印刷市场。[1]后来《百科全书》开始发行更便宜的版本，除了知识精英之外，普通人也能够获得。历史学家估计，在法国大革命前，就有两万多册《百科全书》在法国及欧洲其他地区流传，它们成为向大众群体进行启蒙及科学教育的媒介。[2]

　　从知识论上来讲，17世纪以来科学革命的结果使得新的知识体系逐渐取代了传统的亚里士多德的自然哲学以及克劳迪亚斯·盖仑（Claudius Galen，约129—200）的体液学说（Humorism），之前具有相当权威的炼金术和占星术自此失去了权威。到了18世纪，医学已经发展为相对独立的学科，并且逐渐脱离了与基督教的联系："在（当时的）三位外科医生中，就有两位是无神论者。"[3]在地图学方面，库克（James Cook，1728—1779）船长带领船员成为首批登陆澳大利亚东岸和夏威夷群岛的欧洲人，并绘制了有精确经纬的地图，他以艾萨克·牛顿（Isaac Newton，1643—1727）的宇宙观改变了地理制图工艺及方法，使人们开始以科学而非神话来看待地理。这一时代除了用各式数学投影方法制作的精确地图外，制

1　Cf. Jonathan I. Israel, *Radical Enlightenment: Philosophy and the Making of Modernity 1650-1750.* Oxford University Press, 2001, p. 832.

2　Cf. Robert Darnton, *The Business of Enlightenment: A Publishing History of the Encyclopédie, 1775-1800.* Harvard University Press, 1979, p. 6.

3　Ole Peter Grell, Dr. Andrew Cunningham, *Medicine and Religion in Enlightenment Europe.* Ashgate Publishing, Ltd. , 2007, p. 111.

图学也被应用到了天文学方面。

正是借助于包括《百科全书》、公共图书馆、期刊等传播媒介，启蒙知识得到了迅速的传播，同时也塑造了现代学术的形态以及机构的建制。有意思的是，自启蒙时代出现的现代知识从开始阶段就是以多语的形态展现的：以法语为主，包括了荷兰语、英语、德语、意大利语等，它们共同构成了一个跨越国界的知识社群——文人共和国（Respublica Literaria）。

当代人对于知识的认识依然受启蒙运动的很大影响，例如多语种读者可以参与互动的维基百科（Wikipedia）就是从启蒙的理念而来："我们今天所知的《百科全书》受到18世纪欧洲启蒙运动的强烈影响。维基百科拥有这些根源，其中包括了解和记录世界所有领域的理性动力。"[1]

二

1582年耶稣会传教士利玛窦（Matteo Ricci，1552—1610）来华，标志着明末清初中国第一次规模性地译介西方信仰和科学知识的开始。利玛窦及其修会的其他传教士入华之际，正值欧洲文艺复兴如火如荼进行之时，尽管囿于当时天主教会的意

1　Cf. Phoebe Ayers, Charles Matthews, Ben Yates, *How Wikipedia Works: And How You Can Be a Part of It.* No Starch Press, 2008, p. 35.

识形态，但他们所处的时代与中世纪迥然不同。除了神学知识外，他们译介了天文历算、舆地、水利、火器等原理。利玛窦与徐光启（1562—1633）共同翻译的《几何原本》前六卷有关平面几何的内容，使用的底本是利玛窦在罗马的德国老师克劳（Christopher Klau/Clavius, 1538—1612，由于他的德文名字Klau是钉子的意思，故利玛窦称他为"丁先生"）编纂的十五卷本。[1]克劳是活跃于16—17世纪的天主教耶稣会士，其在数学、天文学等领域建树非凡，并影响了包括伽利略、笛卡尔、莱布尼茨等科学家。曾经跟随伽利略学习过物理学的耶稣会士邓玉函 [Johann(es) Schreck/Terrenz or Terrentius, 1576—1630] 在赴中国之前，与当时在欧洲停留的金尼阁（Nicolas Trigault, 1577—1628）一道，"收集到不下七百五十七本有关神学的和科学技术的著作；罗马教皇自己也为今天在北京还很著名、当年是耶稣会士图书馆的'北堂'捐助了大部分的书籍"。[2]其后邓玉函在给伽利略的通信中还不断向其讨教精确计算日食和月食的方法，此外还与中国学者王徵（1571—1644）合作翻译《奇器图说》（1627），并且在医学方面也取得了相当大的成就。邓玉函曾提出过一项规模很大的有关数学、几何

---

1 *Euclides Elementorum Libri XV,* Rom 1574.

2 蔡特尔著，孙静远译：《邓玉函，一位德国科学家、传教士》，载《国际汉学》，2012年第1期，第38—87页，此处见第50页。

学、水力学、音乐、光学和天文学（1629）的技术翻译计划，[1]
由于他的早逝，这一宏大的计划没能得以实现。

　　在明末清初的一百四十年间，来华的天主教传教士有五百
人左右，他们当中有数学家、天文学家、地理学家、内外科医
生、音乐家、画家、钟表机械专家、珐琅专家、建筑专家。这
一时段由他们译成中文的书籍多达四百余种，涉及的学科有宗
教、哲学、心理学、论理学、政治、军事、法律、教育、历
史、地理、数学、天文学、测量学、力学、光学、生物学、医
学、药学、农学、工艺技术等。[2]这一阶段由耶稣会士主导的
有关信仰和科学知识的译介活动，主要涉及中世纪至文艺复兴
时期的知识，也包括文艺复兴以后重视经验科学的一些近代科
学和技术。

　　尽管耶稣会的传教士们在17—18世纪的时候已经向中国
的知识精英介绍了欧几里得几何学和牛顿物理学的一些基本知
识，但直到19世纪50—60年代，才在伦敦会传教士伟烈亚力
（Alexander Wylie，1815—1887）和中国数学家李善兰（1811—
1882）的共同努力下补译完成了《几何原本》的后九卷；同样
是李善兰、傅兰雅（John Fryer，1839—1928）和伟烈亚力将牛

1　蔡特尔著，孙静远译：《邓玉函，一位德国科学家、传教士》，载《国际汉学》，
　　2012年第1期，第58页。
2　张晓编著：《近代汉译西学书目提要：明末至1919》，北京大学出版社2012年版，
　　"导论"第6、7页。

顿的《自然哲学的数学原理》（*Philosophiae Naturalis Principia Mathematica*，1687）第一编共十四章译成了汉语——《奈端数理》（1858—1860）。[1]正是在这一时期，新教传教士与中国学者密切合作开展了大规模的翻译项目，将西方大量的教科书——启蒙运动以后重新系统化、通俗化的知识——翻译成了中文。

1862年清政府采纳了时任总理衙门首席大臣奕䜣（1833—1898）的建议，创办了京师同文馆，这是中国近代第一所外语学校。开馆时只有英文馆，后增设了法文、俄文、德文、东文诸馆，其他课程还包括化学、物理、万国公法、医学生理等。1866年，又增设了天文、算学课程。后来清政府又仿照同文馆之例，在与外国人交往较多的上海设立上海广方言馆，广州设立广州同文馆。曾大力倡导"中学为体，西学为用"的洋务派主要代表人物张之洞（1837—1909）认为，作为"用"的西学有西政、西艺和西史三个方面，其中西艺包括算、绘、矿、医、声、光、化、电等自然科学技术。

根据《近代汉译西学书目提要：明末至1919》的统计，从明末到1919年的总书目为五千一百七十九种，如果将四百余种明末到清初的译书排除，那么晚清至1919年之前就有四千七百多种汉译西学著作出版。梁启超（1873—1929）在

1　1882年，李善兰将译稿交由华蘅芳校订至1897年，译稿后遗失。万兆元、何琼辉：《牛顿〈原理〉在中国的译介与传播》，载《中国科技史杂志》第40卷，2019年第1期，第51—65页，此处见第54页。

1896年刊印的三卷本《西学书目表》中指出："国家欲自强，以多译西书为本；学者欲自立，以多读西书为功。"[1]书中收录鸦片战争后至1896年间的译著三百四十一种，梁启超希望通过《读西学书法》向读者展示西方近代以来的知识体系。

不论是在精神上，还是在知识上，中国近代都没有继承好启蒙时代的遗产。启蒙运动提出要高举理性的旗帜，认为世间的一切都必须在理性法庭面前接受审判，不仅倡导个人要独立思考，也主张社会应当以理性作为判断是非的标准。它涉及宗教信仰、自然科学理论、社会制度、国家体制、道德体系、文化思想、文学艺术作品理论与思想倾向等。从知识论上来讲，从1860年至1919年"五四"运动爆发，受西方启蒙的各种自然科学知识被系统地介绍到了中国。大致说来，这些是14—18世纪科学革命和启蒙运动时期的社会科学和自然科学的知识。在社会科学方面包括了政治学、语言学、经济学、心理学、社会学、人类学等学科，而在自然科学方面则包含了物理学、化学、地质学、天文学、生物学、医学、遗传学、生态学等学科。按照胡适（1891—1962）的观点，新文化运动和"五四"运动应当分别来看待：前者重点在白话文、文学革命、西化与反传统，是一场类似文艺复兴的思想与文化的革命，而后者主

---

1 梁启超：《西学书目表·序例》，收入《饮冰室合集》，中华书局1989年版，第123页。

要是一场政治革命。根据王锦民的观点，"新文化运动很有文艺复兴那种热情的、进步的色彩；而接下来的启蒙思想的冷静、理性和批判精神，新文化运动中也有，但是发育得不充分，且几乎被前者遮蔽了"。[1]"五四"运动以来，中国接受了尼采等人的学说。"在某种意义上说，近代欧洲启蒙运动的思想成果，理性、自由、平等、人权、民主和法制，正是后来的'新'思潮力图摧毁的对象"。[2]近代以来，中华民族的确常常遭遇生死存亡的危局，启蒙自然会受到充满革命热情的救亡的排挤，而需要以冷静的理性态度来对待的普遍知识，以及个人的独立人格和自由不再有人予以关注。因此，近代以来我们并没有接受一个正常的、完整的启蒙思想，我们一直以来所拥有的仅仅是一个"半启蒙状态"。今天我们重又生活在一个思想转型和社会巨变的历史时期，迫切需要全面地引进和接受一百多年来的现代知识，并在思想观念上予以重新认识。

1919年新文化运动的时候，我们还区分不了文艺复兴和启蒙时代的思想，但日本的情况则完全不同。日本近代以来对"南蛮文化"的摄取，基本上是欧洲中世纪至文艺复兴时期的"西学"，而从明治维新以来对欧美文化的摄取，则是启蒙

---

1 王锦民：《新文化运动百年随想录》，见李雪涛等编《合璧西中——庆祝顾彬教授七十寿辰文集》，外语教学与研究出版社2016年版，第282—295页，此处见第291页。
2 同上。

时代以来的西方思想。特别是在第二个阶段，他们做得非常
彻底。[1]

三

　　罗素在《西方哲学史》的"绪论"中写道："一切确切的
知识——我是这样主张的——都属于科学，一切涉及超乎确切
知识之外的教条都属于神学。但是介乎神学与科学之间还有一
片受到双方攻击的无人之域；这片无人之域就是哲学。"[2]康德
认为，"只有那些其确定性是无可置疑的科学才能成为本真意
义上的科学；那些包含经验确定性的认识（Erkenntnis），只
是非本真意义上所谓的知识（Wissen），因此，系统化的知识
作为一个整体可以称为科学（Wissenschaft），如果这个系统
中的知识存在因果关系，甚至可以称之为理性科学（Rationale
Wissenschaft）"。[3]在德文中，科学是一种系统性的知识体系，
是对严格的确定性知识的追求，是通过批判、质疑乃至论证而
对知识的内在固有理路即理性世界的探索过程。科学方法有别

1　家永三郎著，靳丛林等译：《外来文化摄取史论——近代西方文化摄取思想史的
　　考察》，大象出版社2017年版。

2　罗素著，何兆武、李约瑟译：《西方哲学史》（上卷），商务印书馆1963年版，第
　　11页。

3　Immanuel Kant, *Metaphysische Anfangsgründe der Naturwissenschaft*. Riga: bey
　　Johann Friedrich Hartknoch, 1786. S. V-VI.

于较为空泛的哲学，它既要有客观性，也要有完整的资料文件以供佐证，同时还要由第三者小心检视，并且确认该方法能重制。因此，按照罗素的说法，人类知识的整体应当包括科学、神学和哲学。

在欧洲，"现代知识社会"（Moderne Wissensgesellschaft）的形成大概从近代早期一直持续到了1820年。[1]之后便是知识的传播、制度化以及普及的过程。与此同时，学习和传播知识的现代制度也建立起来了，主要包括研究型大学、实验室和人文学科的研讨班（Seminar）。新的学科名称如生物学（Biologie）、物理学（Physik）也是在1800年才开始使用；1834年创造的词汇"科学家"（scientist）使之成为一个自主的类型，而"学者"（Gelehrte）和"知识分子"（Intellekturlle）也是19世纪新创的词汇。[2]现代知识以及自然科学与技术在形成的过程中，不断通过译介的方式流向欧洲以外的世界，在诸多非欧洲的区域为知识精英所认可、接受。今天，历史学家希望运用全球史的方法，祛除欧洲中心主义的知识史，从而建立全球知识史。

本学期我跟我的博士生们一起阅读费尔南·布罗代尔

1 Cf. Richard van Dülmen, Sina Rauschenbach (Hg.), *Macht des Wissens: Die Entstehung der Modernen Wissensgesellschaft.* Köln: Böhlau Verlag, 2004.

2 Cf. Jürgen Osterhammel, *Die Verwandlung der Welt: Eine Geschichte des 19. Jahrhunderts.* München: Beck, 2009. S. 1106.

(Fernand Braudel, 1902—1985) 的《地中海与菲利普二世时代的地中海世界》(*La Méditerranée et le Monde méditerranéen à l'époque de Philippe II*, 1949) 一书。[1]在"边界：更大范围的地中海"一章中，布罗代尔并不认同一般地理学家以油橄榄树和棕榈树作为地中海的边界的看法，他指出地中海的历史就像是一个磁场，吸引着南部的北非撒哈拉沙漠、北部的欧洲以及西部的大西洋。在布罗代尔看来，距离不再是一种障碍，边界也成为相互连接的媒介。[2]

发源于欧洲文艺复兴时代末期，并一直持续到18世纪末的科学革命，直接促成了启蒙运动的出现，影响了欧洲乃至全世界。但科学革命通过学科分类也影响了人们对世界的整体认识，人类知识原本是一个复杂系统。按照法国哲学家埃德加·莫兰（Edgar Morin，1921— ）的看法，我们的知识是分离的、被肢解的、箱格化的，而全球纪元要求我们把任何事情都定位于全球的背景和复杂性之中。莫兰引用布莱兹·帕斯卡（Blaise Pascal，1623—1662）的观点："任何事物都既是结果又是原因，既受到作用又施加作用，既是通过中介而存在又是直接存在的。所有事物，包括相距最遥远的和最不相同的事物，都被一种自然的和难以觉察的联系维系着。我认为不认识

---

1 布罗代尔著，唐家龙、曾培耿、吴模信译：《地中海与菲利普二世时代的地中海世界》(全二卷)，商务印书馆2013年版。
2 同上书，第245—342页。

整体就不可能认识部分，同样地，不特别地认识各个部分也不可能认识整体。"[1]莫兰认为，一种恰切的认识应当重视复杂性（complexus）——意味着交织在一起的东西；复杂的统一体如同人类和社会都是多维度的，因此人类同时是生物的、心理的、社会的、感情的、理性的；社会包含着历史的、经济的、社会的、宗教的等方面。他举例说明，经济学领域是在数学上最先进的社会科学，但从社会和人类的角度来说它有时是最落后的科学，因为它抽去了与经济活动密不可分的社会、历史、政治、心理、生态的条件。[2]

四

贝克出版社（C. H. Beck Verlag）至今依然是一家家族产业。1763年9月9日卡尔·戈特洛布·贝克（Carl Gottlob Beck, 1733—1802）在距离慕尼黑一百多公里的讷德林根（Nördlingen）创立了一家出版社，并以他儿子卡尔·海因里希·贝克（Carl Heinrich Beck, 1767—1834）的名字来命名。在启蒙运动的影响下，戈特洛布出版了讷德林根的第一份报纸与关于医学和自然史、经济学和教育学以及宗教教育

---

1 转引自莫兰著，陈一壮译：《复杂性理论与教育问题》，北京大学出版社2004年版，第26页。

2 同上书，第30页。

的文献汇编。在第三代家族成员奥斯卡·贝克（Oscar Beck，1850—1924）的带领下，出版社于1889年迁往慕尼黑施瓦宾（München-Schwabing），成功地实现了扩张，其总部至今仍设在那里。在19世纪，贝克出版社出版了大量的神学文献，但后来逐渐将自己的出版范围限定在古典学研究、文学、历史和法律等学术领域。此外，出版社一直有一个文学计划。在第一次世界大战期间的1917年，贝克出版社独具慧眼地出版了瓦尔特·弗莱克斯（Walter Flex，1887—1917）的小说《两个世界之间的漫游者》（*Der Wanderer zwischen beiden Welten*），这是魏玛共和国时期的一本畅销书，总印数达一百万册之多，也是20世纪最畅销的德语作品之一。[1]目前出版社依然由贝克家族的第六代和第七代成员掌管。2013年，贝克出版社庆祝了其

---

1 第二次世界大战后，德国汉学家福兰阁（Otto Franke，1862—1946）出版《两个世界的回忆——个人生命的旁白》（*Erinnerungen aus zwei Welten: Randglossen zur eigenen Lebensgeschichte.* Berlin: De Gruyter, 1954.）。作者在1945年的前言中解释了他所认为的"两个世界"有三层含义：第一，作为空间上的西方和东方的世界；第二，作为时间上的19世纪末和20世纪初的德意志工业化和世界政策的开端，与20世纪的世界；第三，作为精神上的福兰阁在外交实践活动和学术生涯的世界。这本书的书名显然受到《两个世界之间的漫游者》的启发。弗莱克斯的这部书是献给1915年阵亡的好友恩斯特·沃切（Ernst Wurche）的；他是"我们德意志战争志愿军和前线军官的理想，也是同样接近两个世界：大地和天空、生命和死亡的新人和人类向导"。(Wolfgang von Einsiedel, Gert Woerner, *Kindlers Literatur Lexikon*, Band 7, Kindler Verlag, München 1972.) 见福兰阁的回忆录中文译本，福兰阁著，欧阳甦译：《两个世界的回忆——个人生命的旁白》，社会科学文献出版社2014年版。

成立二百五十周年。

　　1995年开始，出版社开始策划出版"贝克通识文库"
(C.H.Beck Wissen)，这是"贝克丛书系列"(Beck'schen Reihe)
中的一个子系列，旨在为人文和自然科学最重要领域提供可
靠的知识和信息。由于每一本书的篇幅不大——大部分都在
一百二十页左右，内容上要做到言简意赅，这对作者提出了更
高的要求。"贝克通识文库"的作者大都是其所在领域的专家，
而又是真正能做到"深入浅出"的学者。"贝克通识文库"的
主题包括传记、历史、文学与语言、医学与心理学、音乐、自
然与技术、哲学、宗教与艺术。到目前为止，"贝克通识文库"
已经出版了五百多种书籍，总发行量超过了五百万册。其中有
些书已经是第8版或第9版了。新版本大都经过了重新修订或
扩充。这些百余页的小册子，成为大学，乃至中学重要的参考
书。由于这套丛书的编纂开始于20世纪90年代中叶，因此更
符合我们现今的时代。跟其他具有一两百年历史的"文库"相
比，"贝克通识文库"从整体知识史研究范式到各学科，都经
历了巨大变化。我们首次引进的三十多种图书，以科普、科学
史、文化史、学术史为主。以往文库中专注于历史人物的政治
史、军事史研究，已不多见。取而代之的是各种普通的知识，
即便是精英，也用新史料更多地探讨了这些"巨人"与时代的
关系，并将之放到了新的脉络中来理解。

　　我想大多数曾留学德国的中国人，都曾购买过罗沃尔特出

版社出版的"传记丛书"（Rowohlts Monographien），以及"贝克通识文库"系列的丛书。去年年初我搬办公室的时候，还整理出十几本这一系列的丛书，上面还留有我当年做的笔记。

五

　　作为启蒙时代思想的代表之作，《百科全书》编纂者最初的计划是翻译1728年英国出版的《钱伯斯百科全书》（*Cyclopaedia: or, An Universal Dictionary of Arts and Sciences*），但以狄德罗为主编的启蒙思想家们以"改变人们思维方式"为目标，[1]更多地强调理性在人类知识方面的重要性，因此更多地主张由百科全书派的思想家自己来撰写条目。

　　今天我们可以通过"绘制"（mapping）的方式，考察自19世纪60年代以来学科知识从欧洲被移接到中国的记录和流传的方法，包括学科史、印刷史、技术史、知识的循环与传播、迁移的模式与转向。[2]

　　徐光启在1631年上呈的《历书总目表》中提出："欲求超

1　Lynn Hunt, Christopher R. Martin, Barbara H. Rosenwein, R. Po-chia Hsia, Bonnie G. Smith, *The Making of the West: Peoples and Cultures, A Concise History,* Volume II: Since 1340. Bedford/St. Martin's, 2006, p. 611.

2　Cf. Lieven D'hulst, Yves Gambier (eds.), *A History of Modern Translation Knowledge: Source, Concepts, Effects.* Amsterdam: John Benjamins, 2018.

胜，必须会通，会通之前，先须翻译。"[1]翻译是基础，是与其他民族交流的重要工具。"会通"的目的，就是让中西学术成果之间相互交流，融合与并蓄，共同融汇成一种人类知识。也正是在这个意义上，才能提到"超胜"：超越中西方的前人和学说。徐光启认为，要继承传统，又要"不安旧学"；翻译西法，但又"志求改正"。[2]

近代以来中国对西方知识的译介，实际上是在西方近代学科分类之上，依照一个复杂的逻辑系统对这些知识的重新界定和组合。在过去的百余年中，席卷全球的科学技术革命无疑让我们对于现代知识在社会、政治以及文化上的作用产生了认知上的转变。但启蒙运动以后从西方发展出来的现代性的观念，也导致欧洲以外的知识史建立在了现代与传统、外来与本土知识的对立之上。与其投入大量的热情和精力去研究这些"二元对立"的问题，我以为更迫切的是研究者要超越对于知识本身的研究，去甄别不同的政治、社会以及文化要素究竟是如何参与知识的产生以及传播的。

此外，我们要抛弃以往西方知识对非西方的静态、单一方向的影响研究。其实无论是东西方国家之间，抑或是东亚国家之间，知识的迁移都不是某一个国家施加影响而另一个国家则完全

---

1 见徐光启、李天经等撰，李亮校注：《治历缘起》（下），湖南科学技术出版社2017年版，第845页。

2 同上。

被动接受的过程。第二次世界大战以后对于殖民地及帝国环境下的历史研究认为，知识会不断被调和，在社会层面上被重新定义、接受，有的时候甚至会遭到排斥。由于对知识的接受和排斥深深根植于接收者的社会和文化背景之中，因此我们今天需要采取更好的方式去重新理解和建构知识形成的模式，也就是将研究重点从作为对象的知识本身转到知识传播者身上。近代以来，传教士、外交官、留学生、科学家等都曾为知识的转变和迁移做出过贡献。无论是某一国内还是国家间，无论是纯粹的个人，还是由一些参与者、机构和知识源构成的网络，知识迁移必然要借助于由传播者所形成的媒介来展开。通过这套新时代的"贝克通识文库"，我希望我们能够超越单纯地去定义什么是知识，而去尝试更好地理解知识的动态形成模式以及知识的传播方式。同时，我们也希望能为一个去欧洲中心主义的知识史做出贡献。对于今天的我们来讲，更应当从中西古今的思想观念互动的角度来重新审视一百多年来我们所引进的西方知识。

知识唯有进入教育体系之中才能持续发挥作用。尽管早在1602年利玛窦的《坤舆万国全图》就已经由太仆寺少卿李之藻（1565—1630）绘制完成，但在利玛窦世界地图刊印三百多年后的1886年，尚有中国知识分子问及"亚细亚""欧罗巴"二名，谁始译之。[1]而梁启超1890年到北京参加会考，回粤途经

---

1 洪业：《考利玛窦的世界地图》，载《洪业论学集》，中华书局1981年版，第150—192页，此处见第191页。

上海，买到徐继畲（1795—1873）的《瀛环志略》（1848）方知世界有五大洲！

　　近代以来的西方知识通过译介对中国产生了巨大的影响，中国因此发生了翻天覆地的变化。一百多年后的今天，我们组织引进、翻译这套"贝克通识文库"，是在"病灶心态""救亡心态"之后，做出的理性选择，中华民族蕴含生生不息的活力，其原因就在于不断从世界文明中汲取养分。尽管这套丛书的内容对于中国读者来讲并不一定是新的知识，但每一位作者对待知识、科学的态度，依然值得我们认真对待。早在一百年前，梁启超就曾指出："……相对地尊重科学的人，还是十个有九个不了解科学的性质。他们只知道科学研究所产生的结果的价值，而不知道科学本身的价值，他们只有数学、几何学、物理学、化学等概念，而没有科学的概念。"[1]这套读物的定位是具有中等文化程度及以上的读者，我们认为只有启蒙以来的知识，才能真正使大众的思想从一种蒙昧、狂热以及其他荒谬的精神枷锁之中解放出来。因为我们相信，通过阅读而获得独立思考的能力，正是启蒙思想家们所要求的，也是我们这个时代必不可少的。

　　　　　　　　　　　　　　　　　　　　　　　　李雪涛
　　　　　　　　　　　　2022年4月于北京外国语大学历史学院

---

[1] 梁启超：《科学精神与东西文化》（8月20日在南通为科学社年会讲演），载《科学》第7卷，1922年第9期，第859—870页，此处见第861页。

目　录

引　言

气候变化不是一个纯粹的学术问题，它对于人类有着巨大
而显著的影响。对于很多人而言，它甚至是对身体和生命的巨
大威胁（参见第三章）。有效的针对措施需要巨大的投入。我
们必须不断探究目前认知的局限性，并且阐明其不确定性，这
比在其他大部分科学领域显得更为重要。因此我们要问，气象
学家的认知基础究竟是什么。

许多人认为，全球气候变化的威胁是一种理论上的可能
性，这种可能性来源于不确定的模型计算。面对这样的模型
计算，他们的怀疑便是不难理解的了——毕竟气候模型对于
外行而言显得高深莫测，很难评判其可靠性。甚至有人认为，
如果计算机模型犯了错，那么人们根本无须担心气候变化的
问题。

这种想法是不正确的。关于气候变化的研究结论是基于测
量数据和基础的物理学知识。模型是非常重要的，它能够详细
计算出气候变化的各个方面。但是即使没有气候模型，气象学
家们也会警示人们注意由人类引起的气候变化。

大气层中温室气体不断增加，这是一个经由测量得出的事
实，甚至气候变化的怀疑论者也无法质疑这一结论。温室气体
增加的始作俑者是人类自己，这一事实也是来源于数据——我

们使用的化石能源的数据——以及同位素测量。采自南极洲的冰芯数据显示了温室气体的巨大变化。二氧化碳的浓度在近几百年增加的幅度相当于至少前100万年的总和，这在历史上是绝无仅有的。

二氧化碳影响气候变暖是一个百年来被认可的事实。实验室中已经测出二氧化碳的辐射效应，大气层中的辐射转换早已为人熟知，并且在卫星测量中是一个经常被使用的物理标准。由于温室效应，到达地球表面的长波辐射不断增加，这一点已于2004年被瑞士辐射测量网的测量数据所证实。[1]可以很遗憾地说，人类对于地球辐射收支的破坏是毋庸置疑的。

关键的问题是，气候系统对于地球辐射收支的破坏会有多大的反应？模型在这个问题上是很有帮助的。瑞典物理学家阿累尼乌斯在1896年就已经证明，这个结果可以用笔和纸估算出来[2]，南极洲的冰芯借助于回归分析法，可以直接从数据中得到独立的评测。[3]正如我们即将看到的那样，即使是早期的气候历史也能展现出二氧化碳改变气候的巨大作用。

气候目前已经发生变化，这个事实也是直接测量的结果——据位于日内瓦的世界气象组织（WMO）研究，2010年、2005年和1998年是自19世纪有记录以来最热的3年。全球冰川普遍退缩（参见第三章）。代理数据显示，在21世纪最初的10年，气温可能将达到至少1000年以来的最高值。

如果没有详细的气候模型，我们研究的把握性就会降低，并且无法很好地预测其后果。但是即使没有这些模型，所有的迹象都已经表明，人类通过二氧化碳和其他气体的排放正在深刻地改变着气候。

第一章 ——————— 了解气候历史

地球的气候一直在经历着巨大的变化。在白垩纪时代（1.4亿~6500万年前），甚至在北极圈中也有巨大的恐龙迈着沉重的步伐穿过亚热带植被群，大气层中二氧化碳的含量比现在高出数倍。之后地球渐渐冷却下来，在两三百万年之间有规律地徘徊在大冰期和间冰期之间。在大冰期，巨大的冰川一直延伸到德国腹地，我们的祖先和长毛的猛犸共同分享着冰冻的草原。在目前间冰期中期，即存在了一万年的全新世，撒哈拉突然干旱成为沙漠。

在地球历史上，气候发生了强烈的变化，只有在这个背景下才能更好地理解当今的气候变化并对其归类：它究竟是由人类引起的还是自然气候循环的一个部分？为了回答这个问题，我们应该对气候历史有一个基本的了解。因此本书将以时间之旅作为开端。本章我们将会讨论气候在不同的时间节点是如何发展的：从数亿年前直到现在，气象学家们研究的气候骤变。我们主要感兴趣的是：是什么力量引起气候变化？我们能从过去气候体系的反应中汲取什么教训？

气候档案

　　我们到底应该从哪里了解过去的气候状况呢？一些往日气候变化的见证者在大自然中还是醒目可见的，例如早已融化的冰川终碛。但是，关于地球气候历史的大部分知识都来自于艰苦的勘探工作，其工作方法一直在不断细化。科学家们总是能在那些有长期堆积物的地方找到一些方法和可能性，用来获取气候数据。这些堆积物可能是海底沉积岩、冰川雪层，也可能是山洞里的钟乳石，或树木和珊瑚的年轮。科学家们花费数年时间钻透坚固的格陵兰冰层，直达岩石层，或者从几千米的深海中打捞沉积岩，用灵敏的测量仪分析雪的同位素构成，或者数月之久在显微镜下努力确定并计算出微小的钙质外壳或植物花粉的数量。[4]

　　以冰芯为例便可以很好理解这个基本原则。巨大的冰川是几千米厚的冰甲，它形成于格陵兰岛和南极洲。由于那里降雪量大，并且极度寒冷，因此冰甲永远不会再次解冻。这样雪层就越堆越高，底下的旧雪层被上面的新雪层挤压成冰层，在数千年的过程中达到一种平衡：由于雪开始向边缘和向下流动，因此雪堆不再向高层发展。在这种平衡中，每年新形成的雪和消融在边缘的雪数量一致。后者要么发生在陆地边缘，此时雪向低层，也就是温度较高的地方流淌，最典型的是山地冰川和格陵兰岛冰盖；要么雪流向海洋，形成流动的冰架，并被下面温暖的海水融化，这种情况发生在南极洲周围。

如果钻开这些冰盖，人们会发现越深越古老的积雪。假如降雪量足够大并且有明显的年份（如格陵兰岛，每年因降雪而新增20厘米厚的冰层），那么人们甚至可以辨认出每一年的积雪层。因为在雪少的年份，灰尘会堆积在冰盖上，因而形成深色层，而降雪多的年份则产生浅色层。人们可以清点这些年纹层——这是确定冰层年代的最具体的方法。[5]格陵兰岛上的雪可以追溯到12万年前。在相对干燥且降雪少的南极洲，欧洲南极冰芯项目（EPICA）的科学家们在2003年甚至钻探到了80万年前的冰层。[6]

人们可以在冰层表面测量许多参数，其中最重要的一个是氧同位素18的含量。在很多物理、化学和生物的进程当中会发生所谓同位素分离：对于不同的同位素，这些进程的速度是不一样的。例如"普通"的氧同位素16的水分子的蒸发速度要快于略重的氧同位素18的水分子。在这个过程当中，同位素分离要依赖温度。这也同样适用于冰晶形成过程中的同位素分离——因此雪中的氧同位素18含量与温度有关。在对仪器进行恰当的调节后，科学家们便可以在冰芯中提取出氧同位素18的含量，并将其作为雪产生时期温度的一个接近的标准（即所谓代理数据）。

其他一些重要的数据也可以在冰中测量到，例如灰尘含量和冰当中微小气泡里的空气成分——这样，科学家们甚至拥有了当时大气层的样品。人们以此可以确定当时二氧化碳、甲烷和其他气体的含量。最著名的当数20世纪80年代和90年代法国和俄罗斯在南极共同提取的沃斯托克冰芯[7]，科学家们以此首次确定了过去42万年温度变化和大气层二氧化碳浓度的历史。

科学家们借助于不同方法，从各种气候档案中获得了各式各样的代理数据。其中一些数据提供了重要信息，如地球冰量、海水中的盐含量或者降雨量。这些代理数据既有优势，也有不足。例如通过深海沉积物确定年代要比通过冰芯确定明显更困难，但是所需数据却要追溯到数亿年前。很多代理数据在确定日期方面还存在问题，并且在解读这些数据时也存在诸多不确定性。因此从单一数据中无法获得有说服力的结果；只有这些结果通过不同的数据和方法得以证实，才能经得起检验。但是总的来说，代理数据如今已经能够提供气候历史清晰而详尽的面貌。

什么因素决定气候？

我们的气候在全球平均值上是一个简单的能量平衡的结

果：地球向太空释放的热辐射必须在平均值上与吸收的太阳辐射取得平衡。若非如此，气候将发生变化。如果吸收大于释放，气候将越来越热，一直持续到由此产生的热辐射将抵达的太阳辐射抵消，并达到新的平衡。有一个简单的能量守恒定律：到达地球的太阳辐射减去反射掉的部分等于地球释放的热辐射（植物光合作用所释放的能源、地心热流以及人类释放的燃烧热能均可忽略不计）。海洋和大气层在气候体系中分配热能，它们在局域气候扮演重要角色。

气候变化是这种能量平衡改变的结果。对此有3种基本的可能性：一、由于围绕太阳的轨道或者太阳自身会发生变化，因此到达地球的太阳辐射也会发生变化。二、反射回太空的部分发生变化。这种所谓反照率占到当今气候的30%，它取决于人口和地球表面的亮度，即冰层、土地使用和大陆分布。三、大气中吸收气体（经常被称为温室气体）和空气粒子的含量影响热辐射（参见第二章）。所有这些在气候历史的变化中均扮演重要角色。在不同历史时期，不同的因素分别占据优势——哪种因素对于特定的气候变化有影响，必须进行个案分析。给出一个统一的答案（例如太阳或者二氧化碳影响了气候变化）是不可能的。

幸运的是，气候规模（平均值）的计算比天气预报简单，因为天气是偶发的，会受到偶然变化的影响，而气候则几乎不是这样。我们可以想象一个装满沸水的锅：天气预报就好像试图计算出下一个气泡在哪里出现。而"气候报告"则相反，它表明沸水的平均温度在常规气压下是100℃，在2500米高度的山区由于气压降低而只有90℃。因此，对于过往气候变化的量化理解（或者对于未来情况的计算）不是一个毫无指望的探险行为，在过去数年当中这一方面已经取得了重大的进步。

地球早期历史

45亿年前，银河系边缘的星云形成了我们的太阳系，其中包括地球。位于太阳系中央的太阳类似于一种核聚变反应堆：它发射的能源来源于核反应，在这个过程中氢分子熔化成为氦。其他恒星的进化史和对反应过程的物理学解释均表明，太阳在这个过程中逐渐膨胀，并且越来越亮。正如弗雷德·霍伊尔（Fred Hoyle）在20世纪50年代计算的那样，太阳在地球历史的初期释放出的能量肯定比现在少20%~30%。[8]

观察一下上面解释的能量守恒就可以看出，如果其他因素（如反照率、温室气体）保持不变，那么在这种较弱的阳光下，全球气温肯定比现在低20℃，明显位于冰点以下。反照率在较冷的气候时明显增长，因为冰层的面积在扩大——也就是说太阳照射的大部分都被反射掉了。除此之外，在低气温的情况下，最重要的温室气体水蒸气在大气中的含量也会减少。两种因素使得早期的气候更加寒冷。计算表明，地球在其发展史的最初30亿年中肯定完全被冰雪覆盖。但是，很多地质学痕迹证明，这个阶段的大部分时间有液态水存在。这种看上去自相矛盾的现象就是著名的"黯淡太阳悖论"。

这种矛盾现象该如何解释呢？如果你接受上面的假设和论点，那么只有一个答案：在地球早期历史中，温室气体（参见第二章）一定比现在多得多，以便能平衡黯淡太阳射线。

哪些气体可能会引起更强的温室效应呢？一方面是二氧化碳和甲烷。（参考资料详见注8）两者在早期地球大气中可能以很高的浓度呈现。遗憾的是，我们目前没有当时空气的样本（这已经超出了冰芯的范围），因此我们对于早期地球大气的想象只能基于间接证据和模型假设。毫无疑问的是，两种温室气体可以解决问题，人们无须对浓度做出不可信的假设。另一方面，为了平衡太阳辐射的增加，温室气体几乎不可能经过几十亿年在一个正好合适的值上减少。

比偶然性更具说服力的解释是，气候有一套全球控制系统，就好像暖气的温度控制阀一样，它能够调节温室气体的浓度。气象学家们已经找到了很多这样的控制系统。其中最重要的系统的基础条件是长期的二氧化碳循环，它能够历经数百万年调节大气中的二氧化碳浓度。通过岩石的风化作用（主要在山区），大气中的二氧化碳凝结在一起，并且通过沉降作用部分进入地球表层。如果没有这套逆向机制，那么在数百万年中，大气中的二氧化碳将会完全消失，从而形成危及生命的严寒气候。幸运的是还有一种途径，二氧化碳可以以此重新返回大气中：由于陆地的漂泊，海底及其沉积物在有些地方被挤入地球内部。在那里的高温和挤压作用下，通过火山爆发，二氧化碳被释放出来，重新回到大气当中。由于风化率非常依赖气候，因此产生了一套控制系统：如果气候变热，化学风化过程就会发生得更快——这样二氧化碳就会离开大气并阻止气候继续变热。

这套机制可以解释，为什么尽管太阳的亮度变化很大，气候却并没有离开有益于生命的范围。(参考资料详见注8) 地球表层（岩石和沉积物）含有大约66千兆吨的二氧化碳，超出大气中二氧化碳（目前是10千亿吨）数万倍。因此，这套控制系统拥有几乎取之不尽的二氧化碳储备。但是它不能阻止气候的快速变化，因为地球表层和大气之间二氧化碳的交换过程特别缓慢。

相反，上文提到的不断增强的冰反照率的反馈机制作用更快，因此前几年已经有证据显示，它在地球历史上多次导致一种灾难发生，即我们的星球几乎完全结冰。[9] 这就是所谓"雪球地球"时期，它的最后一个阶段发生在大约6亿年前。甚至各个大陆的热带地区都被冰层覆盖，而海洋则蒙上了数百米厚的冰层。最后，二氧化碳控制系统把地球从冰冻状态解救出来：大气的碳汇（即风化作用）在冰层下面被迫停止，但是其来源（火山作用）却始终存在。这样，大气中的二氧化碳浓度在数百万年的历史中不断增加数倍（可能达到10%的浓度），直到温室效应强烈到足以融化冰层的程度，尽管这些冰层反射了大部分的太阳光。冰雪一旦消亡，地球就会从一个冰柜变成烤箱：极高的二氧化碳浓度导致气温可以达到50℃，直到其浓度再次减少。地质学数据的确表明，雪球地球时期之后便是极端高温期。有些生物学家认为，这次气候灾难是接下来大量现代生命形式进化的原因——在此前的数十亿年当中统治世界的只是一些低等的软体动物。

历经百万年的气候变化

现在我们观察一下这次灾难后的时代，即最后这5亿年。我们越接近现代，我们就能获得更多关于地球条件的信息。在过去的5亿年当中，陆地与海洋的位置逐渐清晰，通过沉积物能够大致恢复这个时期气候的上下波动。冰雪覆盖的寒冷期和无雪的炎热期交替出现。

另外，数据也可以估算出这个时期大气中二氧化碳浓度的变化。人们认为，大气中二氧化碳含量的波动是由于上文描述的二氧化碳缓慢循环所造成的。因为陆地漂浮的速度不是持续不变的：在不规则的距离当中，陆地相互碰撞并堆积成高山——因此风化率急剧加快。这样，二氧化碳从地球表层向大气释放以及重新离开大气的速率均发生波动。空气中的二氧化碳浓度由此而发生变化。

数据呈现了低二氧化碳含量的两个阶段：过去数百万年较近的地球历史和三亿年前的历史。在其他情况下，二氧化碳含量通常都比较高，超过1000 ppm（百万分之一千）。地球上冰的扩展过程，是由地质痕迹重建而来。二氧化碳浓度越低的时期，冰储量越大；二氧化碳浓度较高的时期，地球上则几乎无冰。

这段温暖的时期就是距今1.4亿~6500万年的白垩纪。当时甚至在极低纬度地区还生活着恐龙——来自斯匹次卑尔根岛和阿拉斯加的考古发现都证明了这一点。[10] 从那时以来，大气二氧化碳含量缓慢而持续地减少，直到地球在两三百万年前进入一个新的冰川期，我们目前正生活在这个时期。甚至在此次冰川期较暖的阶段，如目前的全新世，冰也并未完全消失：地球的两极仍被冰雪覆盖。相反，在冰川期较冷的时期，巨大的冰层在广阔的陆地上不断蔓延。

突现的温暖期

过去1亿年中，气候逐渐变冷，但这个过程并不是一成不变、不受干扰的：5500万年前，这个过程被一个重要的事件所打断，即所谓"古新世—始新世极热事件"（专业术语是PETM）[11]。气候学者在过去几年中不断在讨论这一事件，因为当时有一些现象与现在人类引起的现象具有相似性。

关于这次事件我们知道什么？沉积物的钙质外壳透露给我们两个信息：一、大量的碳在短时间内进入大气；二、气温大概上升了5~6℃。因为大气中碳同位素结构发生了变化，所以可以推导出有碳释放出来。同位素碳13浓度急剧减少，其原因只能是大量的碳与大气中含量较低的碳13混合在一起。这一过程发生在距今1000年以内或者更近（由于沉积物数据的低解析性而不能具体确定）。这种碳来源可能是海底蕴藏的甲烷冰，即所谓水合物，是一种由冰冻的水和天然气构成的混合体，看上去很像冰。甲烷水合物只有在高压和低温下才稳定。水合物有可能不稳定，在一系列连锁反应中，由于气候变暖，越来越多的水合物释放出来。但是还有另一种可能性：因为强烈的火山活动或者陨石撞击，二氧化碳也可以从地球表层释放。

假如人们知道，大气中二氧化碳浓度如何由释放而变化，那么人们就可以了解到由此引发的温室效应有多剧烈。原则上也可以通过同位素数据计算出这个结果，但条件是人们必须掌握当时新增的碳13含量。遗憾的是，上文提到的3个来源——甲烷冰、火山活动和陨石——都具有其他典型的碳结构。因此按照当今的研究水平不可能进行量的推论，探索还在继续。

但是有一点是明确的：古新世—始新世极热事件都能表明，当大量的碳进入大气会发生什么现象。气温会因此急剧升高好几摄氏度，这和现在由人类引起的地球表层释放二氧化碳所出现的情况类似。

冰川周期

我们现在逐渐进入距离现在更近的时期。观察一下最近一两百万年的气候历史，地球的表面和现在相差无几：陆地和海洋的位置以及山的高度都和现在的情况一致。尽管一些当时存活的物种已经灭绝，例如猛犸，但是大部分动植物都是我们熟悉的。人类已经能直立行走。160万年前，在非洲和东南亚已经生存着直立人。40万年前，欧洲也出现了多个人科物种，其中包括尼安德特人和智人的祖先。

这个时代的气候特征是不断循环的冰川期，它起始于两三百万年前。之所以得出这个结论，是因为白垩纪以来大气中二氧化碳浓度缓慢而持续地减少。最后一次冰川期在大约2万年前达到高潮——此时我们的祖先已经是现代人，即智人。他们制作工具，创作出拉斯科岩洞壁画，他们的思维和交流方式和我们类似。但和我们现代人相比，他们必须克服更加严苛和不稳定的气候条件。

形成冰川周期的原因目前已经被找到：它就是位于地球围绕太阳运行轨道上的米兰科维奇循环。比利时数学家约瑟夫·阿德马尔（Joseph Adhemar）在1840年开始了这项工作，自此研究者们就在讨论一个命题，即地球绕日运行轨道的变化引发的太阳辐射量的变化，这两者很可能与陆地冰雪的增长和消融有关。20世纪初期，塞尔维亚天文学家米兰科维奇（Milutin Milankovitch）完善了这个理论。[12]地球轨道循环的主要周期（2.3万年、4.1万年、10万年和40万年）很明显出现在较长的气候时间序列中。（参考资料详见注4）

在过去的冰川循环中，寒冷期的持续时间（9万年）要长于温暖期（1万年）。如果这也适用于我们全新世，那么它一定也会很快结束。但是现在人们认为，我们的温暖期还将持续很长时间。特别是当地球轨道如40万年前处于最小偏心率的时候（几乎是圆形），那么漫长的温暖期还会一直存在。因此，下一个冰川期可能在5万年后降临地球。米兰科维奇循环在未来也是可以估算出来的，只有这时北半球的太阳辐射才会低于极限值。[13]简单的模型计算也支持了这个理论，利用这种计算方法，过10年的冰冻期能够正确地从米兰科维奇循环中被计算出来。[14] 现在很多人质疑一个问题，即下一次冰川期是否真的会到来。多个模型得出的结论是，21世纪由人类引发的二氧化碳含量上升会持续很长时间，其结果是自然的冰川循环将被阻止数十万年。如果真是这样，那么正如诺贝尔奖得主保罗·克鲁岑（Paul Crutzen）所言，事实上一个新的地球时代已经开始，即"人类世"。[15]

冰川期的一个理论必须从数量上来解释由米兰科维奇循环而引发的太阳辐射变化如何以正确的规模、在正确的地点和正确的时间顺序导致全球冰冻。这是非常困难的，但是目前在许多部分已经取得了成功。困难在于，米兰科维奇循环对于到达地球的所有太阳辐射量几乎没有影响，它只是改变了四季和纬度的分配。为了使地球要冷却到观察到的4~7℃，一定有反馈过程参与其中。

研究表明，雪在这个过程中扮演了重要的角色：当夏季北方大陆上空的阳光太弱，无法融化上一个冬季的积雪时，冰就开始增长。这样就形成一种恶性循环，因为雪反射了许多太阳辐射，并且不断使气候降温，冰能够缓慢地增长到几千米厚。

但是当夏季的太阳在北半球很弱，它在南半球就会越强。那么为什么南半球在同一时期也会降温呢？答案在于锁在南极洲冰块中的微小气泡：二氧化碳。沃斯托克冰芯显示，大气中二氧化碳含量在过去42万年中徘徊在冰冻的过程中，介于冰冻期最高值190 ppm和温暖期最高值280 ppm之间。二氧化碳作为温室气体（参见第二章）产生影响：如果考虑到气候模型中的辐射影响，人们就可以得到对于冰川期的真实模拟。[16]二氧化碳由于在大气中长时间停留而充分混合，并因此影响了全球气候，所以南极洲冰川期难以理解的降温也得到了合理的解释。

在这里，二氧化碳作为回馈机制的一个部分起作用：气温降低，空气中二氧化碳含量也随之降低，这又加剧了全球变冷。与回馈机制的第二部分（即二氧化碳对于温度的影响）相反，第一部分目前在学术界还未得到解释：为什么气温下降时二氧化碳含量也会下降？二氧化碳显然是消失在海洋中，但是哪些机制在这里占据多少份额却不为人所知。只有来自冰芯数据的一个事实是清楚的：这个回馈机制在起作用。如果改变温度（比如通过米兰科维奇循环），那么二氧化碳的含量会发生缓慢的变化，这对于二氧化碳循环是很典型的；如果改变二氧化碳的含量（正如目前人类所做的那样），那么低温会发生很快的变化。

突变的气候

气候历史中也有一些令人措手不及的现象。在上一次冰川期就发生了20多次突然而剧烈的气候变化[17]。格陵兰岛的气温在10~20年内上升了12℃，并保持了几百年。[18,19]这个所谓"丹斯伽阿德—厄施格尔周期"（Dansgaard-Oeschger-Ereignisse，简称DO周期）的影响在全世界都可以感觉到——一个国际工作小组最近收集了180个同时发生了气候变化地区的数据。[20]

测量数据与模型模拟互相配合，在过去几年就形成了丹斯伽阿德—厄施格尔周期理论，它能很好地解释大部分观察到的数据，其中包括变暖和降温典型的时间顺序和特殊的空间模型[21]。这种突变的气候引起了北大西洋洋流的巨变，该洋流把巨大的热量带到北太平洋区域，部分引发了我们这里的温暖气候。这种洋流变化可能只需要一个极小的诱因。我们的模型模拟已经证明了这一点，而且没有任何气候数据表明存在强烈的外部诱因。正常情况下，大西洋洋流在冰川期处于不同的洋流模式之间，并不是从一端进入另一端。

丹斯伽阿德—厄施格尔周期并不是近代气候史中唯一的气候突变现象。在上一次冰川期每隔几千年就会出现所谓海因里希事件（Heinrich-Ereignisse）。人们在北大西洋深海沉积物中发现了它的存在，在这里这种奇异的现象没有留下平时所见的软泥，而是几米厚的碎石层。[22]这些碎石十分沉重，无法由风或者洋流带走——它们只可能从融化的冰山上坠落海底。很明显，浮动的冰山不断在大西洋上漂移。人们认为，这主要是北美大陆冰层的碎块，它们经哈德逊海峡滑落至海洋中，其原因可能是几千米厚的冰盖不够牢固。由于降雪冰盖不断增加，直到斜坡部分不够牢固而发生滑坡——这就像一个沙堆，如果不断在其顶部增加沙量，那么沙堆两边就会发生滑坡现象。

沉积物表明，由于海因里希事件，大西洋洋流暂时停止流动[23]。气候数据显示，首先是中纬度地区（如地中海区域）出现了与此相关的急剧降温现象。

全新世的气候

我们已经在气候历史中做了一次短暂的旅行。在这次旅行的最后，我们要谈谈全新世，也就是我们一万年以来生存的温暖期。全新世的特点不仅是气候温暖，而且相对十分稳定。很多人认为，全新世相对稳定的气候导致人类在一万年前发明了农业，并定居下来。

最后一次相对比较弱的突然寒冷期出现在8200年前（也被称为"八千年事件"）。数据和模拟计算表明，这是冰川期最后剩余冰川融化的结果。在北美地区这些余冰的后面形成了一个巨大的冰水湖，即阿加西湖。[24]后来冰坝崩塌，淡水湖的水注入大西洋，这扰乱了大西洋温暖的洋流。

甚至在全新世相对比较平静的时期也出现过巨大的气候变化：撒哈拉地区从一个拥有广阔水域的热带稀树草原变成了沙漠。其原因很明显是季风循环变化，这种变化是由2.3万年这个地球轨道周期引发的。在全球范围内，季风强度以这个节奏波动，它决定了陆地和海洋之间的季节差异以及季风的推动力。德国波茨坦气候影响研究所的马丁·克劳森（Martin Claussen）和他的同事们对过去9000年的气候进行了模拟，并在此过程中考虑到了米兰科维奇循环理论，其结论是大约距今5500年撒哈拉地区的植被已经枯萎。[25]这恰与北非沿海地区沉积岩的最新数据相符，这些数据表明，正是在这个时期沉积岩中的撒哈拉沙粒比率急剧增加[26]：这是撒哈拉地区干旱的一个明确的信号。

人们特别感兴趣的是最近几千年的气候变化，它在历史上也是距离我们最近的。一个有趣的例子是格陵兰岛的维京人定居点。在格陵兰岛南部采集的DYE3冰芯数据表明，当红发埃里克于982年在那里建立定居点的时候，格陵兰岛的气候还十分温暖。但是这种良好的气候条件没有维持多久，在接下来的200年中气候条件不断恶化。13世纪短暂的温暖期曾给人们带来希望，但是14世纪晚期格陵兰岛的气候再度变冷，以至于维京人不得不又一次放弃自己的定居点。[27]直到20世纪中期，中世纪温暖的气候重返格陵兰岛南部。

但是单个情景的数据并不能普遍化，因为不同的地区性原因可以产生巨大的气候变化，例如主要风向的改变。因此特别重要的是大范围地区的中间值（尽可能是全球或者南北半球），因为取中间值可以平衡地方性的热量重新分配，并使人们认识到对于全球推动力的反应（如太阳活动或者温室气体浓度的波动）。获取这种大范围中间值是非常困难的，因为高质量的数据十分有限。因此，尽管有一系列独立的重构，但是关于过去1000年北半球的气温变化过程仍存在巨大的不确定性。

除了需要澄清的零点几摄氏度的差异之外，气候重构也展现出了一些共性之处，它们可以被视为相对比较稳固的认知。中世纪时北半球有一段相对比较温暖的时期，这时被称为"中世纪温暖期"。这个时期之后便是一个逐渐降温的趋势，一直到17、18世纪的所谓"小冰川期"，此时的气温比中世纪低0.2~0.6℃。但是具体分析显示，这种面貌被过于简化了——这个时期是由许多时而温暖时而寒冷的时期组成，而且并不是在所有地方同时出现。19世纪中叶以来，气温再次明显上升，20世纪中期的时候超过了中世纪的温度。

几个结论

气候历史主要证明了气候强烈的多变性。气候系统是一个敏感的系统，它对于能量平衡中极小的变化已经做出了敏感的反应。另外它也是一个非线性系统，在某些部分（例如海洋循环）倾向于剧烈的变化。正如美国著名气候学家华莱士·布洛克（Wallace Broecker）所言，气候"不是一个行动缓慢的树懒，而是一头野性十足的猛兽"。

另一方面，气候变化也不是没有原因的。过去10年的气候研究对于早期气候变化的原因已经有了量的理解。许多发生的气候事件可以归因于一些特殊原因，并且在实际工作中通过不断改善的模拟模型得以重塑。这种对于原因和影响的量的理解是前提条件，它有助于正确评估人类对于气候体系的侵害及其后果。气候历史证明了二氧化碳作为温室气体的重要作用。这一点我们将在下一章详细论述。

人类改变了气候吗？如果是的，那么其速度如何？其强度又如何呢？这些问题我们将在本章进行讨论。学术界不是在近代才开始研究这些问题，而是已经有上百年的历史了。我们所说的"全球变暖"是指全球平均气温的上升，而不是全球所有地方的必须变暖。本章我们仅观察全球平均气温，气候变化的地方性影响将在第三章讨论。

了解一些历史

1824年，法国数学家和物理学家让·巴普蒂斯·傅里叶（Jean-Baptiste Fourier）描述了大气中的微量气体使气候变暖的过程。[28]1860年，英国物理学家约翰·丁达尔（John Tyndall）指出这主要是水蒸气和二氧化碳的原因。1896年，瑞典化学家和物理学家阿累尼乌斯（Svante Arrhenius）首次计算出，大气中二氧化碳含量增加一倍将导致气温升高$4\sim6\,^\circ\!C$。20世纪30年代的专业文献中已经讨论了工业化导致二氧化碳增加与气候变暖的关系。当时由于缺乏科学数据，这种联系还无法被证实。直到20世纪50年代，由人类引发的全球变暖危险才引起人们的重视。在1957年至1958年国际地球物理年（IGY）的框架下，科学家们证明了大气中的二氧化碳浓度确实增加了。除此之外，同位素分析表明，二氧化碳浓度增加是由于使用化石燃料所致，也就是说是由人类引起的。20世纪60年代，科学家们利用大气模型进行第一次模拟计算，其结果是二氧化碳浓度如果增加一倍，那么气温将上升2℃。后来的另一个模型得出的结论是将上升4℃。

　　20世纪70年代，美国国家科学院作为一个大型科学机构首次对全球变暖提出警告。[29] 同时，个别科学家甚至认为可能会产生新的冰川期，其中包括美国著名气候学家斯蒂芬·施耐德（Stephen Schneider）。他的观点迅速成为媒体关注的焦点，但是却无法令专业人士信服。由于和自己后来一系列研究结果不符，施耐德不久就更正了自己的观点。

　　美国国家科学院当时估计，二氧化碳增加一倍会导致气温上升1.5~4.5℃。这个升温范围在当时可以被证实和确认，但遗憾的是迄今为止缩小的程度太小，目前的范围是2.0~4.5℃。1990年，政府间气候变化专门委员会[30]（IPCC，参见第四章）发表了第一次评估报告，随后在1996年[31]、2001年[32]和2007年[33]又发表了3次评估报告。在此期间，学术界的认知得以证明，几乎所有的气候学家都认为由人类引发的气候变暖是可以证实或者非常可能的。[34] 2007年，政府间气候变化专门委员会因其杰出的工作获得诺贝尔和平奖。

温室效应

大气中二氧化碳含量增加会导致可怕的气温上升，其原因就是所谓温室效应。现在此处做一简要介绍。

地球平均气温来源于辐射平衡（参见第一章）。大气中的一些气体虽然能够让抵达的阳光通过，但是却阻止了由地球表面反射的长波热辐射，这样便干扰了辐射平衡。因此热量无法轻易地被反射到太空，这样在地球表面形成了"热阻塞"。

换言之：和任何物体一样，地球表面也能反射热量——温度越高，反射越多。然而这种热辐射不是简单地进入宇宙，而是在大气中被吸收，具体说是被温室气体（或者叫"影响气候的气体"，不要与"燃料气体"混淆，燃料气体用于气雾剂中，并会损害臭氧层）吸收。温室气体中最重要的是水蒸气、二氧化碳和甲烷。这些气体把吸收的辐射再次平均地释放到各个方向——其中一部分又重返地球表面。这样，与没有温室气体相比，会有更多的辐射到达地球表面：因为它不仅包含了太阳辐射，还额外增加了被温室气体反射的热辐射。当地表为了达到平衡而释放出更多的热量，也就是地球变热的时候，平衡才能重新建立。这就是温室效应。

温室效应是一个非常自然的过程——水蒸气、二氧化碳和甲烷天生就存在于大气中。温室效应甚至是所有生命所必需的过程——没有温室效应我们的星球将会是一片冰封。一个简单的计算可以表明这种影响。每平方米地表接收的太阳辐射是342瓦。其中大约30%被反射，这样每平方米还剩余242瓦。其中一部分在大气中被吸收，一部分被水面和陆地表面所吸收。按照物理学中斯特藩—玻尔兹曼定律（Stefan-Boltzmann-Gesetz），释放这种辐射量的物体温度是−18℃。假设地表具有这个平均温度，那么它的辐射量将与太阳辐射一样多。而实际上地表平均温度为15℃。这33℃的差距是由温室气体引起的，因此它使地球表面具有适合生存的气候。担心全球变暖的原因在于人类目前加剧了温室效应。由于温室气体总的来说引起了33℃的温度差，因此温室气体1%的微小增量将导致地球升温几摄氏度。

比较一下我们相邻的星球金星便可以看出，温室效应在极端情况下会释放出以上那些力量。与我们地球相比，金星距离太阳更近。它与太阳的距离只有地球与太阳距离的72%。因此到达金星表面的太阳辐射为645w/m²，这几乎是到达地表太阳辐射的一倍（辐射浓度随着距离的平方而减少）。然而金星被厚厚的云层包裹，它们反射了80%的太阳辐射。这一部分在地球上只有30%。金星表面吸收的太阳能（也就是到达和反射的太阳辐射差）大约为130w/m²，明显低于地球表面吸收的太阳能（242w/m²）。因此人们可以预计，金星表面比地球表面冷。但情况却恰恰相反：金星表面温度高达460℃。其原因是极端的温室效应：金星的大气由96%的二氧化碳组成。

怎么会出现这样的现象？正如第一章所言，数百万年的地表岩石风化限制了二氧化碳浓度。因为金星上不具备风化所必需的水，因此地球表面稳定二氧化碳和气候的控制系统无法在金星上存在。(参考资料详见注8)

温室气体浓度的上升

现在我们从理论进入地球实际观测到的变化。20世纪50年代，美国气候学者查尔斯·基林（Charles Keeling）在夏威夷的莫纳鲁阿山上开始对大气中二氧化碳浓度进行监测。自此，人类才开始直接并持续地测量二氧化碳浓度。著名的基林曲线（Keeling-Kurve）一方面反映出二氧化碳浓度季节性的变化：它是生物圈每年的呼吸状况。另一方面，曲线显示出二氧化碳浓度持续上涨的趋势。目前（2010年），二氧化碳浓度达到了前所未有的389 ppm（即0.039%）。这是至少80万年以来的最高值——来自冰芯的可靠数据可以追溯到这一时期（参见第一章）。对于此前的时期我们只拥有来自沉积岩不精确的数据。但是所有的数据都证明，人们必须在气候历史上重回数百万年前，才能发现类似的高二氧化碳浓度，那是一个更加温暖、没有冰层的地球气候期。[35]我们现在引发了一系列气候条件，这些条件是人类自学会直立行走以来从未遇到的。

是人类自己引起了二氧化碳增加，这一点毋庸置疑。我们知道，我们燃烧了多少化石型燃料（煤炭、石油和天然气）以及有多少二氧化碳排入大气。二氧化碳是主要的燃烧释放物，而不是少量的废气污染。每年的燃烧量相当于石油和煤炭矿床形成时期100万年中形成的量。

人类向空气中排放的二氧化碳中有大约一半（56%）仍然在那里，另一半被海洋和生物圈吸收。化石碳具有特殊的同位素结构，汉斯·聚斯（Hans Suess）早在20世纪50年代就已经证明，大气中不断增加的二氧化碳起源于化石。[36]通过对世界海洋大约1万次的测量，已经证明海洋当中二氧化碳也在增加——也就是说，我们不仅提高了空气中的二氧化碳浓度，而且还提高了水里的二氧化碳浓度。[37]即使没有气候变化，这也会导致海水变酸，并可能损害珊瑚礁和其他海洋生物。[38]

除了大趋势之外，科学家们现在也能更好地理解已观察到的二氧化碳浓度的微小变化。比如火山爆发或者太平洋的洋流改变（厄尔尼诺现象）也会反映在二氧化碳浓度上，因为生物圈会以或大或小的增幅对此做出反应。[39]简而言之，一年当中二氧化碳浓度低于平常，那么这一年对于生物圈来说就是好的一年。相反，如果二氧化碳浓度增加，这一年就会伴随沙漠面积扩大或者森林火灾（如2002年、2003年）。

然而二氧化碳并不是唯一的温室气体。其他气体浓度（如甲烷CH_4、氯氟烃和氧化亚氮N_2O）也是因为人类活动而增加。氯氟烃由于对臭氧层的破坏作用而被停止生产，自此以来其浓度不断下降。这些气体也能引发温室效应。其单位是所谓辐射驱动力w/m^2——这个参数说明了地球能量收支如何因某种特定的气体而变化（也可能由于其他原因，如人口变化或太阳强度变化）。目前由于人类活动而影响气候的气体所造成的破坏达到$3.0w/m^2$（不确定值约为正负15%）。其中55%源于二氧化碳，45%是由于其他气体造成的。

最重要的温室气体是水蒸气。它在上文讨论中之所以没有出现，是因为人类无法直接改变其浓度。即使我们未来主要使用氢作为能量载体，那么水蒸气对于气候的影响也是极其微小的。大量的水蒸气从海洋蒸发（每年超过$4 \times 10^{14} m^3$），在大气中流动，冷凝后作为降水再次重返地面。从海洋蒸发的这些水蒸气是波罗的海20倍的水量。10天内水蒸气的总量在大气中完成交换。因此其浓度（全球平均值为0.25%）随时间和地点而发生变化——这与上文提到的稳定的温室气体完全不同，温室气体在其生命周期中完全分布在地球周围，因此具有几乎相同的浓度。

因此气候学家花费了大量的精力，以便更好地理解水循环并掌握它们的模型——这不仅由于水蒸气的温室效应而显得尤为重要，而且还能计算降水的分布。

　　水蒸气浓度非常依赖温度。按照物理学的克劳修斯–克拉伯龙方程（Clausius-Clapeyron-Gesetz），热空气可以保存更多的水蒸气。因此如果人类使气候变暖，那么将会间接导致大气中水蒸气浓度的增加。这是一个经典的反馈效应，因为水蒸气浓度增加又会加剧地球变暖。

气温上升

　　世界各地的监测数据证明，过去数百年间，除了二氧化碳浓度在上升以外，全球平均气温也在上升，其变化程度与我们用物理学理解温室效应所得出的判断完全一致。

　　一系列相互独立的数据已经证明了气温在不断上升。最重要的基础数据是全世界各地气象站的测量值，它们表明，自1900年以来全球气温上升0.7℃。(参考资料详见注32)在这个过程中地域性影响（主要是气象站周边城市的增加，即所谓"城市热岛效应"）已经被修正。修正的效果和完整性最近又得到测试，其方法是人们比较了暴风雨天气和无风的天气，只有在后者的情况下才能感觉到热岛效应。两者都展现出完全相同的变暖趋势。[40]

　　另一个重要的数据来源是海洋温度监测，该监测是由一个轮船编制的巨大网络来完成的。它们证明了海洋表面温度不断升高，这与陆地上的趋势非常接近。(参考资料详见注32) 由于水的热惯性，该趋势相对较弱，这与人们的判断是一致的。

全球变暖也可以由卫星测量得以证实，尽管该测量20世纪70年代末才开始。为了确定空气温度，科学家们在监测过程中使用了由空气氧分子释放的微波辐射（所谓MSU数据，即微波探测系统数据）。但是这样却无法确定对于我们人类重要的地球表面温度，因为卫星测量的是整个空气柱中的辐射——部分甚至来自平流层的高度。平流层的温度在过去几十年中（主要因为臭氧层减少）而下降了大约2℃。[41]因此解释卫星数据是一件非常困难的事。然而全球所有5个系列数据（3个地面数据，两个卫星测量数据）都显示出过去30年相同的变暖趋势，按照不同的数据每10年气温上升0.16~0.18℃。

除了温度测量之外，一系列其他的趋势也间接证实了全球变暖，例如冰川退缩、北极海冰减少、海平面升高、每年越来越早的冰雪消融、河湖冰冻期延迟以及树木提前发芽。全球变暖的这些后果将在第三章详细论述。

全球变暖的原因

如果我们仔细观察一下过去100年的变暖趋势，那么我们就可以区分为3个阶段。1940年以前是早期暖化阶段，然后直到20世纪70年代气温没有变化，自20世纪70年代以来至今（2010年）出现了新的、没有中断的变暖趋势。由于该趋势与二氧化碳变化趋势不符，因此很多媒体以此作为证据证明地球变暖并非由二氧化碳引起。然而这样的理由太简单了。不言而喻，二氧化碳并非影响气候的唯一因素，而是多重因素叠加影响了气候的变化。（参见第一章）

人们怎么能把这些因素和它们各自的影响分开呢？气候研究中对此问题有一个著名的英语术语"attribution problem"，即"归因问题"。有一系列解决该问题的办法。即使运用通常情况下非常复杂的统计方法，不同办法的3个基本原则还是很好理解的。

第一个原则基于分析地球变暖的时间过程以及原因，这些原因也被称为"推动力"。该想法与上文提到的简单论证的想法是一样的，只不过在这个过程中考虑到了多个可能原因的结合。除了温室气体浓度，还包括了太阳活动变化、气溶胶浓度（火山爆发或废气中微小颗粒物形成的空气污染）以及海洋大气系统内部波动（作为随机部分）。在此人们无须认识这些影响的强度——这对于认识气溶胶和太阳活动大有好处，因为人们虽然都能相对较好地认识它们质量的时间变化，但是对于它们的振幅（即波动强度）还存在诸多不确定性。结果显示，至少20世纪70年代以来的第二次变暖无法用自然原因解释。换言之：无论自然界的干扰对于平均气温有多大的影响，它们也无法引起过去30年的全球变暖。其原因在于，地球变暖可能来自自然的原因（如太阳活动）自20世纪40年代没有展现出一种趋势，以至于我们可以不依赖振幅而只把温室气体作为唯一的考虑对象。[42]近20年以来太阳活动甚至在减少。

　　第二个原则基于暖化的"空间模式"分析（即指纹法）[43]，该模式在不同的原因下存在差异。例如温室气体主要在近地面区域接受热能，并使上层大气降温；太阳活动变化时则相反。模型模拟可以计算出这些模式，并与已观察到的暖化模式进行比较。许多研究团队以不同的模式和数据做了这方面的研究。它们的研究结果一致认为，温室气体浓度上升的影响可以在监测数据中得以证实，这种影响目前占绝对优势，并且具有"指纹"的特点。

　　把上述两种方法结合起来则更有说服力。该研究在20世纪90年代末同样得出了这样的结论，即20世纪的气温变化无法用自然的原理来解释。[44]1940年以前的暖化现象可以通过两个原因解释：一、温室气体和内部的易变性互相结合；二、太阳活动的增加（最佳估计值是0.13℃）。之后的发展趋势则源于气溶胶降温作用和温室气体热效应的叠加，这些温室气体在1940年至1970年间的停滞阶段基本保持平衡。

第三个原则基于对不同推动力振幅的认知。人们已经非常熟悉温室气体的振幅（$3.0w/m^2$），但是人们对于其他重要的影响规模的估计还存在诸多不确定性。然而这些研究再次证明，人类活动对于20世纪气候发展的影响占主要地位。对太阳活动的判断是一个在气候模型中经常使用的方法，[45]它所得出的结论是20世纪气温上升了$0.35w/m^2$。即使这被低估了好几倍（出于各种原因这是不可能的），那么人类的推动力始终还是很强的。最新的研究甚至指出，这种判断过于高估了太阳辐射的变化。[46]

没有任何一项研究可以从自身最终证明人类是20世纪气候变暖的主因。上文描述的每一种方法都有其局限性，其基础都是一些把握性或大或小的假设。由于所有的研究都相互独立地得出同一个结果，因此我们很有理由认为，人类活动的影响目前确实占主导因素。

另外，一项最新的研究表明，过去10年的温室效应使气候系统处于不平衡状态之中：地球从太阳能中吸收的能量比释放到太空中的能量多$0.85w/m^2$。[47]这个数字起初来源于一个模型计算，后来被海洋监测所证实，因为这个热量储存于海洋中。目前，瑞士科学家们通过阿尔卑斯山上的辐射监测网已经直接监测到，增强的温室效应引起了地表长波辐射的增加（参考资料详见注1），因此可以认为，科学家们已经很好地认识了由我们人类引发的地球热能平衡的变化。

有一个问题在公众认知中非常重要，即目前的地球变暖有多么不同寻常。也就是说，中世纪北半球是否曾经更热?（可能不会）。从中可以寻找其原因"假如以前也这样炎热过，那么这应该是一个自然循环"。这也可能是一个错误的结论：无论中世纪是否曾经更加炎热（例如因为特别频繁的太阳活动），我们也无法从中得出结论，目前的暖化在多大程度上是由自然因素或者人类活动而引发的。正如第一章阐述的那样，气候变化可能有多种原因。其中哪些能产生作用，必须在具体情况中检验。可以肯定的是，原则上自然原因比人类活动能引发更强烈的全球变暖。为了寻找相关例子，人们必须追溯遥远的气候历史（参见第一章）。关于当今的气候变化它却不能给出我们原因。但是它向我们展示了气候不是始终稳定的：它证明气候不是通过具有弱化功能并能阻止更强暖化趋势的回馈机制得以稳定。

气候敏感性

二氧化碳和其他人为引起的温室气体对于气候的影响究竟有多大？换言之：假如辐射总量改变 $3w/m^2$（或其他的量），

气温的增加幅度又如何？这个问题对于我们目前的气候问题是决定性的。气候学家用一个单位数字来回答这个问题，这个数字就是所谓气候敏感性，可以用每辐射单位摄氏度来表示，即℃／（w/m^2）。由于二氧化碳浓度增加了一倍（从280到560 ppm），暖化保持了相对平衡。对于该暖化情况的描述相对简单和通用，这相当于接近4w/m^{2}的辐射量。

我们在本章开始提到了2.0~4.5℃这个确定升温范围。这个气候敏感性是怎么确定的？对此有三种不同的方法。

物理学认知，即实验室中测量的二氧化碳辐射影响，二氧化碳浓度升高一倍时，它在没有任何回馈的情况下可以直接使温度升高1.2℃。然后人们必须考虑到气候系统中的回馈作用：主要是水蒸气、冰反照率和云层。为此人们使用了一些模型，这些模型按照目前的气候以及其他气候状况（如冰川期气候）被检测。从中得出的气候敏感性是2.0~4.5℃。不确定性主要来自缺少对于云层活动认知。目前有大量的测量程序在运行，它们位于世界各地，并能用模型计算比较持续观测到的云层。这样可以进一步减少这种不确定性。

测量数据法，即从以往的气候变化中利用所谓回归分析法尝试分离出各个要素的影响。对此人们需要可信的数据，并必须仔细考虑到所有的因素。为此科学家们必须选出一个二氧化碳浓度变化尽可能强烈的时期，同时影响气候敏感性的其他因素与现在的情况没有太大差异（如陆地位置）。因此，适合这项研究的首先是过去几千年的冰川期循环，此时的二氧化碳浓度波动强烈。由法国冰川学家克劳德·洛里乌斯（Claude Lorius）率领的团队负责南极洲沃斯托克冰芯的钻探工作，他们在1990年借助这些数据进行了这样的分析（参考资料详见注3），其气候敏感性结果为3~4℃。

由于过去几十年模型开发和电脑技术的进步，第三种方法才成为可能。研究者们选取一个气候模型，然后系统地改变不确定区间内部（例如计算云层量时的参数）的主要不确定参数值。人们以此得到大量的不同模型版本——在最近波茨坦气候影响研究所结束的研究中有一千种版本。[48] 因为在这些模型版本中上述的回馈结果各不相同，因此它们具有不同的气候敏感性。这一点就足以提示我们，哪些气候敏感性区间在极端情况下可以做物理学考量。我们的研究结果是，气候敏感性在最极端的模型版本中是1.3~5.5℃。

接下来，所有上千个模型版本将和观察数据做比较，并且把不真实的淘汰掉（接近90%），因为它们不能借助于上面定义的范畴类型足够好地反映当今的气候。这样气候敏感性就被限制在特定的范围（1.4~4.8℃）。对于这种方法起到决定作用的是另一种测试方法：借助于所有模型版本模拟最近一次冰川期最高潮阶段的气候，然后淘汰掉所有那些无法真实反映冰川期气候的模型版本。冰川期气候是很好的检验标准，因为它是气候历史最近的一个阶段，此时大气中二氧化碳浓度完全不同于今天。另外，大量出色的气候数据采集自这个时期。如果模型中的气候敏感性太高，那么将会出现非常寒冷的冰川气候。这样气候敏感性的上限被限制在4.3℃。其他所有研究把下限限制在大约2℃。[49]

归纳而言，判断气候敏感性有3种完全不同的方法，它们与来自20世纪70年代的"传统"判断1.5~4.5℃几乎一致（按照当时的知识水平还站不住脚）。在这方面，人们可以把接近3℃视为最有可能的判断值。对于大量模型版本的研究（方法3）表明，绝大部分模型版本位于大约3℃。另外一个证据是，最新和最好的气候模型在3℃这个气候敏感性的值上越来越接近（方法1）——接近传统区间边缘的模型通常是一些较老的模型，它们的空间分析比较粗糙，而且对于物理过程的描述也不够详尽。另外，3℃这个值与冰川期的数据也是一致的（方法2和方法3）。因此按照我们的观点，现实总结气候敏感性，其值应该在3℃±1℃，这个±1℃相当于物理学中描述错误时通用的95%的区间。

我们在谈论气候敏感性方面花费了很多时间，是因为它的值对于未来比之前本章谈到的其他气温上升和人为原因都要重要。因为气候敏感性告诉我们，如果我们人类引发了二氧化碳浓度上升，那么未来可能出现什么样的气候变化。这对于未来能源系统的选择是一个决定性的问题。反之，人类活动的影响如今是否在测量数据中可以被证实就变得不重要了。

　　气候敏感性的判断和最新观察到的暖化趋势是否一致呢？目前温室气体的辐射推动力（3w/m²）和气候敏感性最可能的值（二氧化碳增加一倍时暖化3℃）可以得出大约暖化2℃的趋势——当然要处于平衡状态，还要很长时间以后。由于海洋的惰性，气候系统的反应落在后面——按照模型计算大约实现了平衡暖化的一半到2/3。通过这个简单的粗略计算我们可以看到，温室气体（与其他原因不同）可以毫无困难地解释20世纪整体暖化的问题。甚至还有更多内容——我们可以这样解释相对较小的暖化现象，即温室气体并不是唯一的影响因素。由于人类活动，1940年至1970年间气溶胶浓度急剧上升，它的量级大约为1w/m²，并具有降温作用。更详细的计算必须借助于模型，因为气溶胶的空间分配也很重要，仅简单观察全球数值是不够的。政府间气候变化专门委员会报告中描述的一系列这样的模型得出的结论是，20世纪人类活动（温室气体和气溶胶）引起气温上升约0.5℃。

　　这些模型计算也展现了两种变化趋势的一致性，即气温的时间变化趋势和考虑到模型不同因素而计算出的变化趋势。因此，20世纪的气候变暖与上文关于气候敏感性的讨论完全一致。20世纪的数据无法再进一步缩小气候敏感性的范围，因为对于气溶胶的影响还有许多不确定性——假如其降温效果很大，那么高气候敏感性和已经测量到的气温变化将一致。

预测未来

为了判断未来继续上升的温室气体浓度的影响，气候研究通过模型计算模拟了未来的一系列景象。这些景象并非预测。它们只用于说明不同的行为后果，并遵循"假设原则"，例如"假如二氧化碳升高 X 值，那么将导致气温升高 Y 摄氏度"。

也就是说，此方法并未预测未来二氧化碳排放量是多少，而是研究了可能的后果。如果世界各国决定保护气候，那么悲观的景象就不会出现。这并不意味着这是"虚假的预报"，这些景象更多的是及时的预警。

除此之外，这些景象一般只研究人类对于气候的影响，自然界引发的气候波动叠加其上。某个特定的景象计算大概可以表明，人类引起的排放到 2050 年将导致全球气温平均升高 1℃。而 2050 年的实际温度可能与此不一致，即使排放量与估计一致，而且计算完全正确，是因为自然因素可以使气温升高或降低。模型计算和过去的气候数据均显示，这种自然的波动在 50 年的时间段中可能只有零点几摄氏度。但是在极端情况下，巨大的火山爆发或陨石撞击至少在几年当中可能会破坏整个暖化过程，甚至引发低于目前水平的降温。自然的力量始终不可捉摸。但这并不能阻止人们了解它们所带来的后果。为了预估未来气候场景，人们首先需要排放场景，即假设一个人类在未来排放二氧化碳、其他温室气体和气溶胶的过程。1996年至2000年，一个经济学家小组为政府间气候变化专门委员会开发了40个这样的场景，并且在《排放场景特别报告》中进行了描述。该报告按照其英文缩写，也被称为SRES场景。[50]它们覆盖了环境方面未来可信发展趋势的方方面面。最悲观的情况是，到2100年，二氧化碳排放是现在的4倍；最乐观的情况是缓慢地上升，之后逐渐降低到目前值的极小一部分。具体的气候保护措施并未考虑这些场景（我们将在第五章讨论气候保护策略）。

假设海洋和生物圈吸收了人类排放不变的部分，那么到2100年，这些场景下的二氧化碳排放将上升到540~970 ppm（与工业革命前280 ppm的常见值相比增加了93%~246%）。如果考虑到气候变化可以改变碳吸收（即所谓碳循环回馈机制），那么这个区间将扩大至490~1260 ppm。我们可以看到，这些场景覆盖了未来绝大部分的可能性。在这些场景下，2100年整个由人类引起的辐射驱动力（所有温室气体和气溶胶）的变化介于4~9w/m^{2}之间，尽管人们对于排放的假设不尽相同。

为了判断这些情景对于全球平均气温可能产生的影响，最近一次政府间气候变化专门委员会报告研究了一些气候模型，它们包含了气候敏感性中的不确定区间。其结果是1990年至2100年气温上升1.1~6.4℃，当然小数点后的部分是可以忽略的。换言之，如果到2100年没有气候保护措施，我们预计人类造成的全球变暖将比工业革命前高2~7℃。[51]

科学家们对于未来的排放情况和气候敏感性做了假设，即使在最乐观的情况下，地球变暖的幅度至少是我们在20世纪经历的3倍。地球气温将达到至少10万年以来从未有过的高度。最悲观的情况是，地球平均气温将从现在的15℃上升到超过20℃——这种暖化速度甚至是百万年来前所未有的。

情况还会变得更糟吗？即使按照目前的认知状况不太可能，但是也不能完全排除——新的研究表明，由于全球变暖，大量的二氧化碳将从生物圈释放出来，这是一种危险。这样二氧化碳浓度将上升到新高，甚至会导致全球气温升高7~8℃。[52]

全球变暖有可能低于2℃吗？没有证据显示，大自然一次从我们这里可以消化掉比现在更多的排放量。所有的研究都说明，未来的气候敏感性不可能低于2℃。而且我们也不能寄希望于太阳活动骤减或者火山爆发的冷却作用。因此将气候变暖控制在可承受范围之内这个任务最终掌握在我们人类手里。

这些看法可靠吗？

人类的知识是否牢靠可以通过下面这个问题来检验：哪一些新的研究结果可以动摇人类目前的认知？我们做一个假设：

科学家们在一系列数据分析中发现了严重的错误并且认识到，中世纪的气温比现在还要高。那么他们肯定会从中得出这样的结论，即20世纪地球升温0.6℃并不像我们想象的那样不寻常，而且自然原因在过去1000年中也引发了同样巨大的变化。因此可以推论，叠加在人类对气候影响之上的自然界波动其实比想象的更大。但是从中无法得出这样的结论，即气候敏感性比迄今为止认为的更小。即使得出结论，也应该是从过去更大的变化中推导出更大的气候敏感性。但事实也并非如此，因为上面对于气候敏感性的判断完全没有运用过去数千年的代用资料，它们完全不依赖于关于这个时期的最新认知。只要气候敏感性的判断没有修正，那么对于人类二氧化碳排放影响的警告就始终不变。

我们假设，新的认识得出结论认为太阳活动对于云层有影响，例如由于气球磁场变化和到达地球表面的辐射变化（这种联系被讨论了很长时间，但是迄今为止没有得以证明）。人们找到了一种机制，太阳活动变化以此对于气候产生了比现在更大的影响。但从中并不能得出这样的结论，即过去几十年的全球变暖是由太阳活动引起的，因为自1940年以来没有显示出太阳活动和辐射有任何变化趋势。因此不能以此解释暖化的原因。那么再重复一次：对于气候敏感性的判断以及因人类排放而引起的未来暖化趋势的判断都不发生变化。

这些例子说明一个基本事实：解除警报唯一科学的原因是

当对于气候敏感性的判断必须向下修改的时候。对此只有一个可能性：必须有一个强大的负回馈机制，它能减弱气候体系对于二氧化碳破坏辐射平衡的反应。

美国大气物理学家理查德·林德森（Richard Lindzen）因此也使用了这个论据，他质疑人类引发的全球变暖，被许多人认为是专业上必须认真对待的怀疑论者。林德森假定热带地区有一个强大的负回馈效应，他将其命名为"虹膜效应"（Iris-Effekt）。该效应能阻止气候变化的发生。因此他认为气候敏感性事实上为零。针对"曾经出现冰川期和其他强气候变化"这一论点，林德森反驳说，在这个过程中改变的是最高临界气温，而全球平均气温几乎未发生变化。[53] 在林德森提出其虹膜效应的时候，基于不确定的数据人们可以这样论证。目前由于有了新的和完善的代用资料，古气候学家们认为有一个事实确凿无疑，即热带气温在早期气候变化中上升了若干摄氏度。上次冰川期的最高峰时期，全球平均气温按照目前的认识介于4~7℃之间，低于目前的水平。因此（特别是因为他缺乏实证证据证明虹膜效应）林德森的观点很难得到同行的认同。

气候史上巨大的气候变化有力地证明了气候系统的反应确实十分敏感，目前的气候敏感性判断不可能是错误的。假如存在巨大的能够阻止更大气候变化的负回馈效应，那么气候史上的大部分数据则无法为人类所理解，并且成千上万的科学研究成果结论全成为错误的结论，我们必须重新书写气候历史。如果是这样的话，这个不为人所知的负回馈效应将是唯一的出路，它将带领人们逃离一个通常情况下无法回避的结论，即温室气体的增加将引发气候学家们预言的全球变暖。未来发现这种负回馈效应的机会是极其渺茫的，寄希望于此是非常愚蠢的做法。

总　结

在过去几十年的气候研究中，一些核心观点已经得到了证实，因此它们在气候学家中普遍被认为是可靠而没有争议的。这些核心观点包括：

大气中二氧化碳浓度自大约1850年以来急剧上升，至少80万年前温暖期的典型浓度值为280 ppm，而现在则上升到389 ppm。

人类应为二氧化碳浓度上升负责，其原因首先是燃烧化石燃料，其次是砍伐森林。

二氧化碳是一种能够影响气候的气体，它能改变地球的辐射平衡：其浓度上升将导致表层气温变暖。浓度增加一倍，全球平均气温将很有可能上升3℃±1℃。

20世纪气候明显变暖（全球平均上升0.7℃，德国上升

1℃）；过去10年的气温在全球范围内是自19世纪科学监测以来（包括此前数百年）最高的。

全球变暖的主要原因是二氧化碳浓度和其他人类活动产生的气体浓度上升；小部分原因是自然原因，如太阳活动的变化。

从第一至三点可以看出，目前已经出现的气候变化只是更大变化的一个小征兆，这种变化将在温室气体浓度继续增加的情况下出现。对于未来排放目前已经有了一系列可信的情景假设，再考虑到气候系统中可预见性的一些不确定因素，政府间气候变化专门委员会在上一次报告中预计到2100年全球气温将上升1.1~6.4℃（超过了1990年的水平）。按照最新的研究，如果碳循环出现了更强的回馈效应，那么更高的升温值也不能排除。

大约1.5万年前最后一次冰川期结束的时候，地球上出现了最后一次可以相提并论的全球暖化：当时全球气温上升了大约5℃。但是这次暖化过程发生在5000年的时间段中，而目前人类仅在一个世纪中就引发了如此重大的气候变化。我们将在下一章讨论几个可能产生的影响。

第三章 ———————— 气候变化的后果

　　正如我们在上一章看到的那样，我们目前很可能处于全球平均气温急剧上升若干摄氏度的起始阶段。但该平均温度只是一个计算出来的量。没人可以直接体会它：植物、动物和人类生活在某个特定地区，气候变化的地域性影响存在很大差别。即使在同一个地方也没有人能够经历年平均气温；人们经历的是每天以及每年的天气起伏和极端现象，与变化的降水相比，气温作为气候变化的一个方面可能都不太重要。因此本章将讨论，气候变化将有哪些具体的影响以及哪些影响目前已经被观察到。

　　为了便于理解，首先应该做几个说明。气候变化的区域性影响非常依赖大气和海洋循环——这种循环发生变化将可能改变例如低气压地区的路径或者主要风向，因而导致气温和降水的巨大变化。因此地域性变化大于全球性变化。全球平均气温通过相对简单的全球辐射平衡较好确定（参见第一章），与之相比，地域性气候依赖更加复杂和困难的计算过程。因此地域性气候判断比全球性气候判断具有更大的不确定性。另一个简单的规则是，关于降水的看法通常比对于气温的看法更具不确定性，因为雪和雨的产生依赖于复杂的和部分极小区域的物理过程。

　　另一个说明涉及目前已经可以观察到的气候变化的影响。这里需要考虑的是，20世纪全球变暖只有大约0.6℃。许多数据资料（例如卫星数据）涉及海冰层变化或生态系统变化，它们只追溯到几十年前，因而只包括全球气温仅变化了0.3℃或者更少的时间段。典型恰当的变暖情景可以预计21世纪末气温上升大约3℃。如果没有坚决的应对措施，全球变暖在21世纪将出现在我们面前，而我们迄今为止只看到了其最初阶段和极小一部分。

　　因此，一方面，证明现已出现的暖化后果十分困难，因为所需的"信号"目前还很小——这里寻找的是最初的迹象，而非巨大的影响。不难理解的是，由于数据有限，很多后果无法在科学上被清楚地证明——但这并不因此意味着未来没有巨大的影响。另一方面，已经出现测量后果的地方（如冰川消退）未来肯定还有数倍于现在的影响出现。

　　另外，有些影响是非线性的。例如环境学家估计，二氧化碳浓度适当升高有利于森林生长，而气候急剧变化会导致森林植被消亡。在后者情况下，前者所观察到的影响走向了未来预计情况的相反方向。[54]此外，另一个例子是冰川河流的出水口，刚开始由于冰川融化而增加，供给水源的冰川消失后便开始减少。

　　接下来我们将简单介绍几个重要的气候变化影响，我们从相对简单的物理学效应开始，如冰层减少和海平面上升，然后论及对于大气和洋流循环以及极端天气的物理学影响，最后讨论对于生态系统、农业和健康的影响。当然，由于篇幅所限，我们不可能讨论所有可能的影响。另外，大规模地干预注入地球系统这样复杂的系统过程中，还必须考虑到叠加效应，即科学家们之前没有想到或者目前暂时还看不到的效应。臭氧空洞的产生就是一个警示的例子：数十年来工业界大量生产并使用氯氟烃，没人能料到这种物质能够破坏臭氧层。氯氟烃浓度在大气中增加了两倍而没有产生任何负面效果——直到它达到极限值2ppb，南极上空的臭氧层遭到破坏。

冰川消退

气候变暖最明显的影响之一是山地冰川减少。即使我们没有全球气象站网络的可信测量数据，但历史老照片和由冰川遗留下来的终碛都能证明世界范围的冰川消退，它是气候变化一个明显的指标。阿尔卑斯山冰川自工业革命以来已经减少了一半，前几年减少速度进一步加剧。[55]类似的冰川消退在全世界都可以观察到。

因为冰川对于气候变化的反应极其敏感，因此它成为一种预警系统。美国冰川学家隆尼·汤普森（Lonnie Thompson）

将其称之为气候系统的"矿山金丝雀"。冰川总量不仅取决于气温，还依赖于降水和太阳辐射——但是基本原则是，气候越温暖，冰川越少。只有在特殊的极端情况下，降水和人口发生巨大的变化，以至于尽管气候变暖，冰川仍旧扩大。这种情况出现在降水量大且不稳定的地区，特别是挪威沿海冰川和新西兰南岛西海岸冰川。两个地区在过去几十年中都经历了冰川推进阶段，但是在整个20世纪那里的冰川甚至也明显减少。

热带冰川一个有趣的例子是乞力马扎罗山冰帽，它是坦桑尼亚最重要的旅游景点之一。汤普森在那里开展了一项观测项目，并记录了冰帽的减少过程。如果过去几十年的趋势没有变化，那么冰帽将在2020年完全消失。[56]冰帽钻探追溯到1.17万年前，它证明了冰在全新世也从未完全消失。另外20世纪晚期的冰当中首次出现了变化了的晶体结构，这是因为冰的融化和重新冻结所造成的。这样的结构在整个冰芯中的其他地方从未出现。

汤普森把考察中获得的热带冰川冰芯带回俄亥俄州的实验室，它们主要来自于喜马拉雅山和安第斯山脉。这样他就可以证明，全新世反常的气候变暖对于所有大陆的热带山区都是十分典型的。它不可能只是由于地区性现象（如乞力马扎罗山植被砍伐）所引起的。[57]

许多冰川对于相对较小的气候变暖已经做出了剧烈的反应，这说明在全球增温几摄氏度的情况下，地球上大部分山地冰川都将消失。冰川的作用就像一个巨大的储水器，即使在季节性降水的情况下，它也能一整年排出冰融水，滋养河流。许多山区的农业或城市水供给（如秘鲁首都利马）都依赖于这种水源。因此它的消失将引发该地区的诸多问题，并因缺水危及数百万人的生活。

北极海冰减少

与南极相反，北极地区没有陆地，只有北冰洋，被平均直径约2米厚的冰层所覆盖。2004年11月，一份由300名科学家（大部分来自德国不来梅港阿尔弗雷德·魏格纳研究所）参与的国际研究报告被公布，该报告名为《北极气候影响评估报告》[58]，该报告特别致力于研究气候变化对于北极地区的影响。

该研究最重要的结论之一是，目前已经可以明显观察到北极海冰的减少，这不是自然的原因造成的，而只能用人类的影响来解释。这种认知一方面来源于对冰层扩张的卫星测量，另一方面源于对船只和海岸线的观察，这些观察工作最早开始于1900年，并包含了北极77%的地区。数据显示，过去20年中，冰层在夏季的扩张减少了20%；1970年至2010年的卫星测量数据显示，2007年9月的冰层扩张达到了史上最低值（470万平方公里）。长时期数据虽然有其不全面性，但仍然证明了目前的冰层减少是20世纪独一无二的现象。2007年的冰层面积只有20世纪60年代的一半。

另外冰层厚度也在下降。一项2008年的研究报告表明，冰层厚度在2001年至2007年减少了一半。该报告作者担心，这种冰层减少速度将导致夏季北冰洋完全无冰。[59]最近科学家们运用高空间分辨率对北冰洋做了模型计算，其结果辅之以观察到的天气数据更加证明了这种担忧——过去几十年中冰层扩张减少的事实与上文提到的卫星数据资料完全一致。同时，模型当中冰层减少的速度更快——按照该模型计算，北冰洋冰层总量在1997年至2003年减少了1/3。以前的模拟情景还认为北冰洋直到21世纪末才完全无冰。但是目前看来，这种景象很有可能在21世纪中叶以前就成为可能。

北冰洋海冰减少会造成一系列的不良后果。从物理学角度观察，白色且能反射太阳光线的冰面被深色的海水所取代，这将严重改变极地地区的能源平衡，进一步增强暖化效应，并严重影响大气和海洋循环。许多动物的生命周期依赖于海冰，例如北极熊、海象、某些种类的海豹和海鸟，它们的生存数量将会减少或者面临灭绝的威胁。

因纽特人数千年的狩猎传统也会受到威胁。在2004年北京召开的关于气候变化区域性影响研讨会上，来自阿拉斯加的因纽特人代表报告了他们那里目前正在发生的变化：由于冰层太薄，许多因纽特猎人在他们世代行进的狩猎线路上失去了生命。由于冰层后退，北极海岸线丧失了阻止暴风雨天气海浪侵蚀的保护屏障。正是由于这个原因，美国阿拉斯加州的小村庄希什马廖夫不得不迁移他地，其他村落很可能紧随其后。但是也有人把这视为发展经济的新机遇：冰层减少可以在北冰洋为船只航行打开一条新的通道。

永久冻土的消融

高山地区和两极地区的地表长期冰冻（直至夏季单薄的表层），这被称为"永久冻土"。现在已经可以观察到，由于全球变暖，永久冻土开始消融。高山山坡因此变得极不牢固，因而会发生山体滑坡和泥石流。一个典型的例子是2003年炎夏发生在阿尔卑斯山脉马特洪峰的山体滑坡，当时0℃界限创纪录地上升到4800米高度，大约1000立方米的岩石断裂滑落。滑坡严重威胁到山区的公路和村庄，高山山坡上不得不修建花费巨大但收效甚微的防护措施。阿尔卑斯山上最早的一批索道缆车承托支架变得很不安全。

两极地区的房屋和基础设施均固定在永久冻土之上。由于冻土消融，土地变得松软泥泞。公路、输油管道和房屋不断下沉。部分地区整个森林的树木倒下，因为它们在松软的土地上无法直立。另外，许多湖泊在夏季通常形成于永久冻土层之上，并作为动物的饮用水来源，全球暖化不断使这些湖泊干涸。

格陵兰岛和南极地区的冰盖

地球目前存在两大大陆冰盖，一个位于格陵兰岛，另一个在南极。但历史上并非一直如此。数百万年前地球上二氧化碳浓度很高，气候更加温暖，此时的地球基本上没有冰层覆盖。目前的冰盖厚度为3~4公里。目前的全球变暖对于这些冰盖有何影响呢？

由于降雪，格陵兰的冰在中心区域能够得到持续的补充，而边缘地带的冰则融化掉（参见第一章）。通常情况下两个过程处于平衡状态。如果气候变暖，融化区域就会扩大，融化速度也会加快，而且降水也会增加。总的来看，质量平衡发生了变化，以至于冰大量地丧失（类似于已经讨论过的高山冰川）。原则上，冰量的改变可以通过飞机和卫星的精确测量来确定。两种方法均得出了冰量趋向减少的结论。但是这方面还存在巨大的不确定性，而且时间间隔太短，以至于按照我们目前的判断，关于质的结论目前还禁不起检验。相对明确一些的是对于卫星照片上可辨认的融化地区的测量。该地区1979年至2005年扩大了25%，2005年达到了目前的最高值。(参考资料详见注58)

模型计算得出的结论是，如果当地气温升高3℃（全球变暖小于2℃就可达到[60]），那么整个格陵兰地区的冰很可能逐渐融化。[61] 在这个过程中，不断增强的回馈效应扮演了重要角色：冰盖一旦变薄，其表层就会逐渐下沉至更低和更加温暖的空气层，这又进一步加速了融化的过程。格陵兰岛的冰如今之所以如此坚固，是因为其厚度，大部分地区都位于几千米高度之上，因此空气十分寒冷。

目前正在热烈讨论的一个问题是：格陵兰岛的冰融化速度有多快？这个问题对于研究海平面上涨和洋流稳定性都至关重要（见下文）。过去几年中，人们观察到格陵兰岛出现了一些活跃的景象，特别是冰快速流动，它们使冰融化速度比现在想象得要快。[62,63]

南极地区的冰层与格陵兰岛的冰有所不同：前者在所有地区都位于冰点以下，气候升温几摄氏度不会发生什么改变。因此冰盖不在陆地上融化，而是当它作为冰架流向大海，并与温暖的海水接触后开始融化。因此，政府间气候变化专门委员会（IPCC）的报告中并未预计未来南极地区的冰将会融化，恰恰相反，由于降雪量增加，冰量还会略微增加。而2007年的IPCC报告同样断定，南极地区在过去几年中冰量有所减少。

南极地区也有越来越多的迹象表明，冰可能做出活跃的反应，特别是南极洲西部的小型冰盖。2002年2月由于该地区气温上升，南极洲半岛具有千年历史的拉尔森B冰架崩塌成成千上万的碎块。由于冰架在海面上漂浮，它的崩塌起初并未对海平面产生直接影响（正如威士忌酒杯中的冰块融化无法抬高液面一样）。但是许多冰川学家——例如美国冰川学家理查德·艾利（Richard Alley），没有人比他能更了解冰盖——却为另一件事惴惴不安：这样一来，拉尔森B冰架后面从大陆冰盖中流出的冰流速度突然加快（达到此前的8倍）。[64,65] 很明显，漂浮的冰架阻止了陆地冰向海洋的外流。南极其他地区的调查结果也证实了这一点。[66] 这就意味着：如果一些巨大的冰架——如罗斯冰架——某一天同样消失，那么估计西南极洲冰架外流速度一定会加快。机制虽然不同，但是效果却与格陵兰地区一致：IPCC报告中没有考虑到冰川的活跃性，由于该活跃性，冰量减少速度会比现在认为的更快。

冰盖的频繁崩塌可能会持续几百年，而不是几千年。[67] 由于目前认识条件所限，科学家们还无法对冰盖未来的发展做出可靠的预测。气候变暖加剧，冰架快速崩塌的风险就越大。崩塌一旦开始就无法阻止。

海平面上升

全球变暖造成的一个最重要的物理学后果是海平面上升。这一点在气候历史中也可以观察到：在上个冰川期的高峰期（约20万年前），全球气温比现在低4~7℃。当时海平面比现在低120米，人们可以徒步从欧洲大陆走向不列颠群岛。冰川期末期海平面迅速升高，每100年大约升高5米。[68]相反在最后一个温暖期，即伊缅间冰期（Eem，12万年前），气候并不比现在温暖很多（大约高1℃），但海平面却比现在高出数米（2~6米）。[69]

这种海平面剧烈变化的原因主要在于地球冰量的变化。格陵兰岛冰冻的水量如果完全融化，将使全世界海平面上升7米。南极洲西部冰盖的储水量能使海平面升高6米，东部冰盖（目前认为比较坚固）甚至能使海平面上升50米。因此，格陵兰岛和南极地区冰架的稳定性成为判断未来海平面上升的一大变量。

影响全球海平面变化的其他因素主要是相对好判断的水的热膨胀（温暖的水拥有更大的水量）和小型山地冰川的融化。具体到每一个地方，海平面还要依赖洋流变化与地质运动（如当地陆地的抬升与沉降），这又和全球大趋势叠加在一起。只要全球性趋势不明显，那么地方性因素就占主导地位。例如目前全球海平面都在升高，但是印度洋马尔代夫周围的海平面却在下降。

按照沿海地区的水位测量，20世纪全球海平面升高了15~20厘米。之所以不太精确，是因为测量的数量和质量均有限以及上文提到的地方性差异。这种上升肯定是由现代因素造成的（也就是说并不是1万年前最后一次冰川期的后果），因为在此之前的2000年里海平面始终是稳定的。[70]

1993年以来，全球海平面可以通过卫星精确测量，这个时期已经观察到海平面每10年升高3厘米。其中约0.5厘米来源于1991年菲律宾皮纳图博火山爆发后的恢复过程，因此只有暂时的影响。剩余的2.5厘米则反映出，与20世纪平均上升1.5~2厘米相比，海平面升高的速度加快了。[71]独立的评估目前得出的结论是，海水变暖使海平面每10年升高1.6厘米，高山冰川使之升高0.9厘米，两个大陆的冰量导致海平面每10年升高0.2厘米。这些评估与卫星测量基本一致。

2007年，政府间气候变化专门委员会报告中的不同情境预计1990年至2100年将上升18~59厘米，再加上大型冰架流动过程不确定的影响，目前观察到的上升率处于模型情境的最上端。[72]后来的研究指出，到2010年海平面将上升1米甚至更多。[73]

如果说高山冰川是暖化现象的预警系统，那么海平面上升则是它的结果：海平面上升开始得很慢，但持续时间很长。其原因是，冰架融化和海水热膨胀发生在数百年的时间段中——后者是因为热量从海水表面进入海洋深处的过程非常缓慢。这就意味着，海平面的上升过程还要持续数百年之久，甚至气候变暖过程结束之后也是如此。

　　科学家们分析了截至2300年海平面上升的情况，条件是如果全球变暖在超出工业革命前气温3℃时停止，并且全球气温保持稳定的话，气候敏感性3℃的时候，该情境相当于二氧化碳浓度翻一倍的后果。如果考虑到其他气候气体的影响，那么这种后果在二氧化碳浓度为450 ppm时就会出现，估计在几十年以后。这些数据主要来自于2001年政府间气候变化专门委员会（IPCC）的报告，关于冰架的数据不在此列。该报告显示格陵兰岛数值最低；由于上文提到的动态因素，对于更高值的判断是，格陵兰岛冰的融化速度将增加一倍。南极洲西部冰盖在接下来300年当中将消失目前总量的1/6~1/3。

影响因素	上升高度（米）
热膨胀	0.4~0.9
高山冰川	0.2~0.4
格陵兰岛	0.9~1.8
南极洲西部	1~2
总量	2.5~5.1

　　截至2300年，在全球升温3℃的情况下全球海平面上升情况（解释详见正文）。

到2300年，海平面将上升2.5~5米（而且还将继续上升）。这个判断比较粗略，还有很多不确定性，但对于合适的暖化情境的判断还是不太悲观的；实际发展趋势可能低于这个标准（假如南极洲消融的冰量没有那么大），也可能高于它。数据显示，当二氧化碳浓度稳定在450 ppm的时候，世界上一些地势较低的岛国和许多沿海城市以及海滩将面临消失的风险。

海平面上升一旦开始就很难阻止。美国气候学家、戈达德太空研究所所长詹姆斯·汉森（James Hansen）因此将冰架称之为"嘀嗒作响的定时炸弹"。（参考资料详见注67）我们这一代人要为未来几百年的气候承担责任。尽管目前的科学知识还有缺陷，但我们应该尽快做出抉择。

洋流变化

2004年，全球上映了好莱坞灾难片《后天》；同年，五角大楼一份关于气候突变灾难的报告[74]进入公众视野。在这之后，人们意识到了洋流变化所带来的危险。两件事都涉及以前发生的突发降温事件：导演罗兰·艾默里奇指导的《后天》取材于大约1.1万年前的"新仙女木事件"，五角大楼报告来源于8200年前的"八千年事件"。在这两起事件中，温暖的大西洋暖流停止流动或者明显减弱，这导致在短短几年内北大西洋地区的气温迅速降低。电影和五角大楼是以各自的方式探究同一个问题：如果类似的事在不久的将来发生，地球会发生什么样的事呢？

从科学的角度来看，没有迹象显示短时期内会发生剧烈的洋流变化，这种现象发生的可能性非常小。但长期来看，如果发生强烈的气候变暖，如从21世纪中期开始，这有可能成为一种严重的威胁。

通常情况下欧洲北海和拉布拉多海巨大水流潜入海底，并且像浴缸排水一样把南部的热水带到北方高纬度地区。下降的水流在2~3米深向南流动直到南极绕极流。这样，大西洋形成了一个巨大的翻滚运动，它每秒可以推动大约1500立方米的海水（大约是亚马孙河的100倍），其作用对于北纬地区而言正如一个巨大的中央暖气系统；它给北大西洋海域带来了1015瓦的热量（是整个欧洲发电量的2000倍）。它是全球热盐环流的一部分。之所以叫"热盐环流"，是因为温度和含盐量差异推动该洋流。

由于全球变暖，该洋流以两种方式被削弱：暖化通过热膨胀降低海水浓度；增强的降水量和冰融水由于淡水的稀释也起到了同样的作用。两者均造成北大西洋海水下沉（即深层水形成）困难，严重情况下甚至可以使这个过程停止。目前已经观察到，在形势危急的地区几十年来出现了大范围的含盐量下降的趋势。[75]英国学者最近证明，按照他们的数据，大西洋深层洋流在过去几十年间已经变弱。[76]这在气候历史上多次造成冰山滑落和淡水入海的后果（参见第一章），而现在很可能由于人类活动造成的暖化后果再次出现。

其后果虽然不像好莱坞电影那样戏剧化，但也是非常严重的。北大西洋暖流（并不是人们简称的湾流）以及绝大部分大西洋热量传递将会逐渐停止，这意味着北大西洋地区会相对迅速地降温几摄氏度（"相对"是指当时居主导地位的气候条件，按照全球变暖的规模有可能上升几摄氏度——到底哪个影响占优势，要取决于时间和地点）。南半球则因此迅速变热。

北大西洋海平面将迅速上升近1米，南半球则略微下降——这仅仅是因为动态适应了变化的洋流环境[77]（五角大楼完全忽视了这个效应）。长期来看，全球平均海平面将额外上升约半米，因为深层海水由于翻滚运动的停止将逐渐暖化。气候历史和模型模拟的数据都表明，如果南北半球的热量分配遭到这样的破坏，那么热带降雨带也会改变。[78]

最直接的影响是北大西洋的食物供应。由于深水形成，北大西洋目前属于物产最丰富的海区以及产量最高的渔区之一。[79]另外，深水形成也促进了海洋对二氧化碳的吸收，因此大量的人为二氧化碳也在北大西洋中被监测到。（参考资料详见注37）深水形成过程的停止意味着我们人类的二氧化碳排放更少地被海洋吸收。

北大西洋洋流的中断可以被理解为气候体系的一种"事故"——一个很难预测的事件，但后果极其严重。这个事故的危险性有多大？一份世界顶尖科学家的调查显示，对此风险的判断存在极大的分歧。[80]从科学角度看，这不太可能是一种预言（目前也不可能），而更多的是一种危险评估，类似于核电站的风险分析。没人敢于在不评估事故风险之前就批准核电站的建设。这一点同样应当适用于其他化石能源体系的扩建。

极端天气

风暴、洪水和干旱等极端天气是人类最能直接感受到的气候变化的后果。但是极端天气事件是否增多却很难证明的，因为迄今为止气候变暖幅度很小，而且极端天气事件很难定义。由于个案数量太少，因此几乎无法做出精准的统计。

但是监测数据已经反映出一些趋势，例如中纬度地区强降水事件的增加。1997年德国奥得河洪水、2002年易北河洪水以及2005年夏季阿尔卑斯地区历史性的降水和洪灾都符合这个趋势。易北河洪水泛滥时，德国萨克森州的钦瓦德-格奥根菲尔德地区24小时降水量达到335毫米，这是德国范围内监测的最高值；易北河水位在德累斯顿达到9.4米，是自1275年有记录以来的最高水位。[81]但是有一些极端天气无法归咎于某个特定的原因。人们最多可以表示，某些事件的可能性或频率因为全球变暖而升高，这正如吸烟者多罹患肺癌，尽管在某些具体病例中无法证明，吸烟是致癌的原因呢，还是病人在其他情况下也会罹患肺癌？德国气象局2010年得出的结论是："通过监测，强降水或者极端炎热这样的天气在过去几十年中不断增加。"[82]

一个很好的例子是2003年夏天袭击欧洲的热浪，据统计此次热浪导致2万~3万人死亡，按照慕尼黑再保险公司的说法，这是中欧有史以来最大的自然灾害。在超过45岁的各年龄段中，死亡率明显增加。瑞士2003年6月的气温超出常年平均气温7℃，并高出此前2002年6月最高气温3.5℃——这可能是至少自1500年以来欧洲最热的夏季。由于缺乏冷却水，德国几个核电站不得不限制生产，内卡河畔的奥布里希海姆（Obrigheim）核电站则必须完全停产。英国科学家所做的统计证明，由人类活动引起的暖化所造成热浪产生的可能性已经翻了一番。[83]

另一个经常被讨论的极具破坏力的极端天气现象是热带风暴（例如2005年8月飓风"卡特里娜"所造成的恐怖景象）。自1851年有记录以来，大西洋还从未出现如2005年如此之多的热带风暴（27次，多于目前最高纪录6次），而且从未有如此多的风暴发展成飓风级别（15级），也从未有过出现3个最

强级别（5级）。另外，还有一次自测量以来最强级别的飓风
（威尔玛飓风，2005年10月19日中心气压为882毫巴）。飓风
文斯（10月减弱后抵达西班牙）和热带风暴德尔塔（在加那利
群岛引发灾难）是第一批向欧洲运动的热带风暴。

这些极端风暴现象是否与人类引发的气候变化有关？监
测数据展现出两个事实：1.风暴的能量和破坏力与水温有关；
2.两者在过去30年当中明显上升。[84]卫星数据评估显示，最强
热带风暴的数量不仅在大西洋区域，而且在全球范围内都有
明显增加，相反总量并未增加。[85]一个存在争议的问题是：已
观察到的热带风暴的增加是由人类引起还是自然原因？热带
海洋的水温在过去50年当中上升了0.5℃——这与飓风能量增
加75%有关[86]，并且与全球海洋平均温度上涨相符。正如在第
二章解释的那样，这种暖化过程完全可以用温室气体增加来解
释；目前还没有用自然现象来解释此现象的。全球所有飓风仅
有11%出现在大西洋区域，并且只讨论了该地区自然循环是飓
风的共同成因。那里的热带地区海洋温度在飓风季上升并超出
平均值——人们猜测这是因为热盐循环的自然波动。如果温室
气体没有在这里引起暖化效应，也会令人难以理解，因为它在
全球都会产生影响。对于在过去几十年当中大西洋海水温度和
飓风强度均显著增加这一现象的可信解释是，人类引发的暖化
效应在其中占很大比重。

对于上文谈到的极端天气现象的监测数据还有一些附加说

明,它们涉及未来极端气候事件的可能发展趋势,并已经通过物理学得以解释。在温暖的气候环境下热浪的频率和强度都会增加,寒潮则会减少,这种说法已是常识。21世纪末,欧洲如2003年那样的炎热夏季将成为常态。[87]但是关于降水还有一些要探讨的地方。在高气温条件下,极端降水的频率将会增加,因为按照物理学中的克劳修斯-克拉伯龙定律,气温每升高1℃将增加7%的水蒸气。当湿度饱和的空气像海绵一样被挤压(如碰到高山),此时强降水就产生了——温暖的气候条件下,"海绵"会吸收更多的水分。因为蒸发率上升,即使在持续平均降水条件下地表湿度也会迅速消失,旱灾出现的可能性也会反常地增加。特别是南欧由于暖化面临巨大的干旱问题,过去几年伊比利亚半岛的严重森林火灾就是干旱增加的后果。

另外,气候变化可能会影响大气循环。例如低气压区通道会发生位移,或者气候状况发生变化。如果没有系统性的全球降水变化,两者将导致降水的简单重新分配——一些地区的降雨多于以往,有些地区则变少。这只是在一定程度上成为问题,如果河流、生态系统和农业非常依赖以前熟悉的气候环境,以至于巨大的气候变化在一个地区引发洪水,在另一个地区则造成缺水。一个特别明显的例子是亚洲的季风雨,当地的农业和食物供给完全依赖于对它的判断。

热带风暴(如大西洋飓风和太平洋台风)从海洋中获取能量(因此在陆地上迅速减弱),并且只有在至少27℃的海水水面上产生。因此模型数据可以预告强飓风：一项研究得出的结论是，对于常规的暖化情境，4~5级飓风的数量将增加两倍。[88] 但是我们目前还没有能力用电脑模拟气候变化对于热带风暴的影响。这些热带风暴可能形成的地区在温暖的气候条件下可能扩大，即使飓风形成还需要其他条件。2004年3月，随着巴西近海的"卡塔琳娜"飓风产生，南大西洋也首次出现了飓风。该海区恰好是英国哈德利气候研究中心曾经预言由于人类暖化效应未来将出现热带风暴的地区。[89]在全球继续变暖的情况下，一定会出现更加强烈的热带风暴。

对于生态系统的影响

人类生活的生态系统复杂多样，因此证明其变化、追溯原因或者预言未来都是非常困难的。回顾地球历史我们可以得到最初的一些线索：气候变化深刻影响了生态系统，例如海洋沉积物里的花粉就是很好的证明。冰川期大大遏制了中欧和北欧森林的生长，在接下来的温暖期它们又重新恢复了生机。气温升高几摄氏度有可能使气候改变几百万年的面貌而变得更加温暖。这对于生物圈肯定有重大的影响，即使这些影响还无法具体预见。

另外一个问题是，人类把地球表面的很大一部分（约占全球陆地面积的50%[90]）用于自己的目的，很多原生态的生态系统像孤岛一般艰难生存，如国家公园里的那些例子。在过去温暖期向寒冷期过渡的时候，动物和植物可以很容易地迁往他地，而现在这种情况则几乎不可能出现。另外，人类活动引发的气候变化的速度预计将大大超过历史上大部分气候变化的速度（参见第二章）。

因此很多生物学家担心，21世纪大量动植物物种即将消亡，或者用专业术语讲"生物多样性急剧丧失"。首当其冲的是高山地区的动植物资源，它们在山顶上渡过了温暖期，正如在一片温暖大海上的寒冷小岛上一样，然后等待着下一个寒冷期。这些物种只能不断退缩到更高的地区，直到达到山顶，"离天咫尺"，正如奥地利生物学家格奥尔格·格拉布海尔（Georg Grabherr）所说的那样。[91]

新西兰就是一个例子：如果气温升高3℃，那么那里80%的高山"气候岛"都将会消失，613种高山植物中的1/3到一半都将会灭绝。[92] 2004年，英国生物学家克里斯·托马斯（Chris Thomas）率领的国际专家小组对于许多动植物组群进行了研究，包括哺乳类动物、鸟类和爬行类动物等。按照他们的推算，到2050年，全世界15%~37%的物种将会因为气候变化而灭绝。[93]

人类活动加重了生态系统的负担，气候变化只是其中之一。目前直接的侵害才是最现实的威胁，例如乱砍滥伐、有害物质排放、狩猎和过度捕捞。如果气候变化不能及时得到遏制，那么它将会变本加厉，使人类在世界各地对于自然保护的努力毁于一旦。

最近许多国际学术会议上都讨论了一些区域性研究成果，均涉及气候变化对于敏感生态系统的影响。这些报告给出了下列这些可能出现的危机景象[94]：全球气温升高1℃，特别敏感的生态系统将受到影响，如澳大利亚昆士兰的珊瑚礁和热带高原森林，南非低矮灌木形成的干燥景色（特别是肉质植物高原台地）。如果升温1~2℃，这些生态系统可能遭受巨大的损失，另外还包括北极和高山生态系统。地中海地区面临严重火灾和昆虫侵袭，中国将丧失大片森林。全球升温2~3℃，南非肉质植物高原台地2800种当地植物物种面临消亡的威胁。澳大利亚高山生态系统的存在也岌岌可危。新西兰、欧洲或者青藏高原的许多植物也在与灭绝做斗争。亚马孙热带雨林面临不可逆的破坏甚至崩溃。全球变暖超过3℃，北极冰雪消融，进而危及北极熊和其他动物的生存。南非克鲁格国家公园将失去它2/3的动物资源。

这还只是研究过其可能产生的后果的生态系统的一些例子。这里谈到的情景最终要依赖于气候变化难以预测的区域性影响。因此具体的发展过程很难预测。但是这些研究给我们提供了一些重要的线索，使我们了解特定的生态系统在面对暖化时有怎样的容忍度，以及未来如何发展。

　　尽管目前暖化幅度很小，那么现在是否已经出现生态系统改变的迹象呢？经常阅读报纸会发现这样一些报道：樱桃树在2月就开花了；候鸟不愿迁徙，而更愿意定居；热带鱼类首次出现在北方水域。正如观察极端天气事件一样，从个案观察中无法得出科学结论。

　　但是也有长期大范围的数据。美国女科学家特莉·鲁特（Terry Root）和其他科研人员评估了143份生态研究报告，他们记录了各地动植物物种的变化情况（从蜗牛到哺乳动物，从草类到树木）。[95] 他们的结论是，这些研究结果呈现了一份清晰的、与气候变暖相关的样本。80%记录的变化都朝着一个人们预计的方向发展。

　　如果我们借助于卫星从空中俯瞰，也可以清楚地看到生态系统的变化。卫星照片清楚地显示出春季树木发芽的时间。与20世纪80年代早期相比，目前北纬地区发芽时间已经提前一周。而秋天的到来却向后推迟了。德国波茨坦气候影响研究所学者沃尔夫冈·卢赫特（Wolfgang Lucht）带领的研究团队认为，这种已经观察到的发展趋势尽管在皮纳图博火山爆发后有所减缓，但整体可以通过植被模型来理解。（参考资料详见注39）

农业与粮食安全

气候变化如何影响农业以及世界人口的粮食？这个问题至关重要。专家们对此问题有截然相反的看法：一些专家认为气候变化对于全球粮食产量几乎没有影响（有些人甚至认为可以带来小幅增长），而另一些专家则认为暖化对于数百万人粮食供应的威胁在不断增长。[96]为什么会产生这种看上去完全相反的答案呢？

气候变化影响粮食产量这一结论来自于气温与降水变化的影响、二氧化碳对于植物的干旱效应以及农民的适应能力（农作物的选择、灌溉实践等）。由于全球变暖，中高纬度地区（主要是一些发达国家）的农业条件得到了改善，如加拿大。相反，亚热带和如今已经十分干旱的地区（主要是一些贫困国家）则面临减产的风险，主要原因是天气炎热和缺水。北非、南非和亚洲许多地区的气候景象并不乐观，它们将遭受粮食与谷物减产的威胁（与未来没有气候变化相比减产20%~30%）。（参考资料详见注96）

这将造成发达国家和发展中国家的矛盾尖锐化，以及贫困国家进一步增强了饥荒的威胁。特别是现在，饥荒不是因为全球粮食匮乏，而是因为贫困地区粮食供应不足，当地人民无法在国际市场上购买食品。在这一方面，人类活动产生的气候变化还承担道德责任：恰恰是那些没有引发气候变化的最贫困人口可能将为气候变化付出生命的代价。

但是发达国家从中所获得的好处也是理论性的。大部分农业产量模型只是计算潜在的产量，这种方法的出发点是，有利的气候条件可以在实践中理想地作用于农业生产。但是农业并不总是能够完美地适应，更不要说持续改变的气候条件令人难以捉摸。另外，引发减产的极端天气事件中的一些变量也没有得到充分考虑。因此，这种计算方法使得一系列可能的情况变成了乐观的情况。

2003年炎热的夏季导致德国粮食大量减产：2003年的产量低于1997年至2002年平均产量的12%（当然除了炎热还有其他因素参与其中）。假如当时农民们能够理想地应对这次炎夏（如安装农业喷灌设备），那么迎接他们的应该是农业增产，而非减产。但是投资灌溉设备是否值得，也无法仅从这一次炎夏中做出评判。因为没人知道，这样的夏天在气候变化的情况下多久才出现一次。灌溉只有在水源充足的条件下才有可能——这种方法在地中海地区已经遭遇瓶颈（如2005年夏季）。

气候模型的不断进步能够在未来更好地做出区域性预测，使人们更好地适应气候变化，并能减少损失，利用良机。这一点目前已经体现在应对厄尔尼诺现象上。现在已经能够提前6个月预测厄尔尼诺现象，这样可以避免农业遭受数以亿计的损失。[97]

疾病传播

气候变化对于人类健康的影响呈多样性，且研究不足。除了上文谈到的极端气候事件（如热浪）的直接影响之外，科学家们还在研究由昆虫引发的疾病传播，如登革热和疟疾。和人类相比，昆虫作为冷血动物更容易受到气候的影响。气候变化对它们的传播能力（即"散布力"）有重大影响。在德国主要是蜱虫传播，过去几年当中，蜱虫迅速传播，并越来越多地传播最危险的莱姆病或者蜱媒脑炎。有些专家认为这应该归咎于气候变化。[98] 德国花粉过敏的病例也越来越多，这主要是由于开花期延长和暖冬引发的豚草蔓延造成的。

2002年，世界卫生组织在一份迄今为止最全面的研究报告中研究了气候变化的影响。其结论是目前每年至少有15万人死于全球变暖带来的影响。大部分死亡者来自于发展中国家，其病因主要是心血管疾病、痢疾、疟疾和其他传染病或者食品短缺。[99] 如果暖化过程继续持续，那么将出现巨大的风险，例如非洲高原地区目前由于寒冷而没有疟疾病原体，因而当地人民对此没有免疫力，一旦疟疾因为全球变暖在这里传播，后果将非常严重。

总 结

尽管目前全球暖化程度不高（20世纪为0.7℃），但是已经可以观察到它带来的许多影响。高山冰川和北极海冰减少，格陵兰岛和南极地区大陆冰层显示出了加速融化的迹象，永久冻土层开始融化，海平面目前每10年上升3厘米（比预期的要快），植物生长期延长，许多动植物物种改变了它们的生存区域。这些迹象一方面独立证明了全球变暖的事实，同时也证明了气温监测数据。另一方面，它们也是气候变化即将影响我们人类的最初征兆。

由于目前全球暖化程度不大，因此其后果并不那么严重。但人类并不能因此忽视问题的严重性。如果暖化过程不被遏制，那么其影响将非常深远，即使其时间间隔和地区影响很难具体预测。

这个过程既有负面的影响，也有正面的影响，因为按照经验，一个温暖的气候不会比寒冷的气候更糟或更不利于生存。但是负面影响很可能占主导地位，其原因主要是生态系统和人类社会高度适应过往的气候条件。假如变化过程太快，以至于大自然和人类无法适应，那么后果将极其严重。高山动植物虽然可以迁移到更高的地区，但是最多只能迁移到山顶，不久非洲和澳大利亚这些温暖地区就会出现这种情况。随着北极海冰的减少，因纽特人失去了他们的整个生态系统和生活方式。森林只能缓慢地迁移到其他地区。许多动植物物种即将灭亡。

　　人类虽然可以适应新的形势，但是快速变化的气候会使人类以往的经验和判断丧失，因此无法很好地将其用于农业生产。加拿大这样寒冷的发达国家可能会因此受益，但是热带和亚热带国家的农业将面临巨大损失。恰恰是在这些地区，人民最受饥荒的威胁，但是他们却几乎没有造成全球变暖。另外，很多人将遭受极端天气事件的侵袭，如旱灾、洪水和风暴（特别是热带风暴）。因此由我们人类引起的气候变化提出了重大的伦理道德问题。

第四章 —————— 关于气候变化的
公开讨论

　　气候变化成为全民关注和讨论的焦点理所应当，其受关注程度远远大于其他科学门类。气候变化和相关应对措施的讨论涉及我们每一个人。这些讨论有时还带上感情因素。令人不快的事实几乎不受欢迎。科学家们在媒体上讨论完之后经常收到一些愤怒的邮件。

　　除了科学家之外，参与公开讨论的还有媒体、政治家、环境组织、经济界的游说团体和在互联网或者读者来信中发表意见的热情民众。每个参与者都是按照自己的利益和理解使用来自学术界的结果和信息，其方法完全不同。

　　气候专家与其他参与者，特别是与媒体的关系经常十分紧张。一方面，专家抱怨他们的研究结果在公开讨论中被滥用、扭曲甚至篡改。另一方面，学术界又非常依赖媒体，因为通过媒体他们的研究成果才能被公众知晓。

　　为了理解由媒体发起的气候讨论，有两件事非常重要：一、这是媒体的常规工作；二、政治利益在该题目的讨论中始终扮演重要角色。本章我们将谈论关于气候的公开讨论中的一些问题，并探讨一下非专业人士如何获取可靠的信息。我们首先关注一下美国，那里出现的问题比我们这里更加尖锐。

美国关于气候的讨论

　　德国只有极少一部分团体直接否认气候问题，而在美国甚至最高政治层面这都是一种常见的权威观点。美国参议院环境委员会前任主席（任期至2007年）詹姆斯·英霍夫（James Inhofe）曾多次声称（特别是2005年1月4日的一次演讲），对于人类引发的气候变化做出警告是历史上表演给美国民众的最大闹剧。他把提出气候变化警告的学者和组织称之为"环境极端主义者及其精英组织"，后者当然是指那些气候学研究机构。

　　美国加州大学科学史教授娜奥米·奥莱斯克斯（Naomi Oreskes）2004年12月在《科学》杂志上公布了一份关于气候学专业文献的研究结果。[100]她和同事分析了将近1000份学术论文，这些论文可以通过在数据库中输入关键词"全球气候变化"找到。75%的论文直接或间接支持人类引发气候变化这一命题，25%的论文对此没有表态（纯粹出于科研方法的原因）。但是没有一篇论文否认人类活动对于气候的影响。奥莱斯克斯因此得出结论，认为学术界在这个问题上的意见几乎是一致的。

　　媒体的报道与学术论文意见的一致性截然相反。同样在2004年，加州大学的一项大型研究分析了1988年至2002年美国发行量最大的日报上636篇关于气候变化的文章。其研究结论是，53%的文章几乎平均地反映了两种相反的观点，即人类引发了气候变化和气候变化纯粹是自然原因形成的。35%的文章主要强调是人类活动引发了气候变暖，但同时也提到了相反的意见；只有6%的文章质疑人类活动导致气候变暖的说法；另外6%的文章只谈及人类活动造成气候变暖。该研究项目的学者因此认为，关于意见平衡的错误想象导致了对于现实情况的扭曲描述（该研究的题目是《作为偏见的平衡》）。[101]

另外该研究还揭示了一个时间趋势：早期的文章主要报道了人类活动对于气候的影响，而后来的文章更倾向于一种不现实的臆想中的平衡。这与学术界的研究发展正好相反：随着时间的推移，学术界不断强调人类对于气候的影响，并更好地证明了这一点。该研究认为，这应归咎于部分由工业界资助的假情报活动。

2003年一项由芝加哥和赫尔辛基的社会学家们所做的研究得出了类似的结论。他们认为，十几家与工业界关系密切且受其资助机构的强力游说活动决定性地导致美国气候政策的转变和退出《京都议定书》。[102]这些机构包括乔治马歇尔研究所（George C. Marshall Institute）、自由前沿基金会（Frontiers of Freedom Foundation）、竞争企业研究所（Competitive Enterprise Institute）、科学与环境政策项目（Science and Environment Policy Project）和全球环境联盟（Global Climate Coalition，一些大公司如英国石油、壳牌石油、福特汽车和戴姆勒-克莱斯

勒退出该联盟后，该联盟于2002年初终止运行）。很多这些
公司主要由埃克森美孚石油公司资助。美国记者和作家克里
斯·莫内（Chris Mooney）最近公布的一份调查显示，埃克森
美孚石油公司仅在2002年至2003年花费800万美元资助了40
家系统性否认气候变化的机构。[103]这种策略类似于烟草企业的
策略，它们多年来一直引用一些认为吸烟无害的学者意见和调
查结果。

2005年6月进行的一次民调显示了这种假信息工作[104]的效
果：绝大部分美国民众认为，如果学术界能够一致认为气候变
化有威胁，那么他们会支持昂贵的环保措施。但是仅有一半人
知道，学术界对此问题的一致意见早已存在。

"气候怀疑论者"的游说活动

德国和欧洲也有类似美国的院外游说活动，尽管规模小
得多。1996年，美国几个著名的"气候怀疑论者"成立了
"欧洲科学与环境论坛"（European Science and Environment
Forum, ESEF），试图影响欧洲的气候政策。德国一些"气候
怀疑论者"几年前建立了一个名为"欧洲气候和能源研究所"
（Europäisches Institut für Klima und Energie）的机构。该机构

的名称就是一个骗局，因为按照《南德意志报》的调查，该游说团体既没有办公场所，也没有聘用气候专家。它主要经营一家网站，该网站充斥着令人发指的假信息。

不同的"气候怀疑论者"抱有各式各样经常是矛盾的观点和立场。但是他们的共同点在于，政策上坚决拒绝减少温室气体排放的措施。他们解释其观点方法是，要么否认气候变暖的趋势（趋势怀疑论者），要么认为人类并不是全球暖化趋势的原因（原因怀疑论者），或者认为全球变暖的后果是无害的或者是有益的（后果怀疑论者）。[105]对于那些不相信他们否认事实做法的人，他们还有退一步的观点，即适应气候变化胜于避免气候变化。

气象学家们不断以客观事实驳斥这些怀疑论者的观点。德国联邦环境局多年来在其官方网站上列出一些常见的观点和专家对此的解释。[106]

可靠的信息来源

如果关注一下媒体就会发现，气候研究总是会不断出现一些新的研究成果，这些成果不仅动摇甚至改变了我们迄今为止的一些信条。媒体描述的关于气候的学术讨论通常是不符合实情的，而且是漫画式的，这反映出民众普遍无法理解科学的认知过程。美国科学史专家斯班赛·维尔特（Spencer Weart）曾经准确地描述过科学发展的规律。他认为，科学进步通常不是通过不断的巨大变革，而是经由许多小的进步递增而实现的。（参考资料详见注28）严肃的科学家们不相信那些他们能够轻易推翻的事情。他们几乎不会认为某些观点绝对正确或错误，而是具有或多或少的可能性。因此目前几乎所有气候研究者都认为人类引发的气候变暖是很有可能的。这个击败了所有开始质疑的判断是基于成千上万的研究成果。一个新的研究很难改变这些成果。它将和其他研究成果放在一起被观察，学者的判断可能只会略微改变。

有一个例子可以说明媒体上混乱、夸张和几乎完全错误的信息。这是前几年不断出现的关于过去千年一次气候重塑工作的报道。首先这个重塑过程的意义被无限夸大了（因为其形状而被称为"曲棍球拍"），它被媒体抬高为"气象学家最重要的数据曲线"、"人类引发气候变暖的决定性证据"甚至"《京都议定书》最重要的支柱"。最后一个评价完全是信口雌黄，因为《京都议定书》签署于1997年，那时还没有该重塑工作。而且重塑工作对于证明人类影响气候只起到极小的作用。

很多文章错误且不加批评地报道这条曲线所谓错误和修改过程，并且声称质疑气候发展的一些基本观点。某位同行甚至在媒体上怒斥这条曲线是"胡扯"。[107]这个说法被美国参议院抓住，并成为美国不再支持国际气候保护工作的理由。[108]但是几个月后证明，这是一个简单的计算错误。[109]独立的学者们通过原始数据重新计算并复核出了同样一条曲线，[110]其他许多气候重构工作巩固了基本结论。

由于媒体经常充斥着错误的报道，而且不同人物的公开表态也常常相互矛盾，因此许多公众和政策决定者对于科学的真相无从了解。哪些观点是严肃的？哪些人可以信赖？

为了使事情明了，世界气象组织（WMO）和联合国环境计划署（UNEP）于1988年成立了政府间气候变化专门委员会（IPCC）。该委员会的任务是以全面、客观和透明的方式总结那些散见于专业文献中数以千计研究成果中的气候变化知识。IPCC信任世界各地科学家的热情参与，他们是按照自己的专业领域被精心挑选出来，并且在自己的本职研究工作之外无偿地承担该委员会的任务。他们最重要的成果是定期发布的IPCC评估报告，截至本文已经发布了4次（1990年、1995年、2001年和2007年）。这些报告可在互联网上获取。[111]

这些报告必须接受严格的三级评审，参与此项工作的又有数百位专家。每次报告必须由新的专家团队和评定专家完成，目的是用新的视角评估现实情况。该报告不是简单地表达"多数人的意见"（好的科学研究不以多数人的意见而定），而是也讨论那些不同的观点，只要它们在科学上能被证明。知识中的错误程度和不确定性必须得到充分讨论。2007年，政府间气候变化专门委员会以此项工作获得诺贝尔和平奖。

由于该报告全面而详细（最新一次报告密密麻麻近3000页），因此它的特点更像一部工具书。两个摘要部分具有特别的重要性：一个是《技术摘要》（约60页），一个是《决策者摘要》（20页）。后者是在大会会议上逐句一致通过的，其中包括沙特和美国这样对于气候保护措施持怀疑态度国家的代表。当然参与者当中还包括负责撰写具体章节的作者，目的是确保总结能够正确地反映内容详尽的报告的观点。IPCC报告在专业圈里被认为是了解关于气候发展知识的最可靠的信息来源。它们同时也是国际气候保护工作的基础，如《京都议定书》（参见第五章）。

由于这个重要性，这些报告也成为"气候怀疑论者"攻击的靶子。他们指责报告受到政治影响，试图以此降低IPCC的公信力。2002年世界媒体掀起一股指责IPCC的浪潮，其原因是报告第二卷中唯一的一个资料引用错误。报告中第493页关于区域一章引用了一个来源不明的喜马拉雅山冰川融化的错误数字（总共信息来源有两万个）。许多报纸接二连三不加审查地报道了所谓IPCC丑闻（从"亚马孙门"到"非洲门"），这些报道事后都被证明为子虚乌有。我们自己参与IPCC报告的经验显示，所有工作都经过公开和自我批评的学术讨论，每个观点都要经过严格的推敲，直到它能够被科学验证或者提出相反意见。我们从未觉察出任何政治干预。

除了享誉世界的IPCC报告之外，还有另外一些机构的观点也很重要，如美国国家科学院、美国地球物理学会（AGU，世界最大的地质科学组织）、世界气象组织（WMO）、各国的气象组织（其中主要包括德国、奥地利和瑞士气象协会联合发布的声明）以及德国联邦政府全球环境变化学术委员会。所有这些组织在一些基本观点上已经达成一致。这再次证明了学术界取得的一致意见，即人类通过排放二氧化碳不断改变气候。

总　结

普通民众目前很难客观正确了解气候研究的真实状况。阅读报纸不难发现，有些文章标题耸人听闻，如《地球变暖11℃》《气候危机10年后出现》等，而另一些报道中气候变化似乎不存在。媒体中经常出现一些关于气候研究的"幽灵讨论"，它们与专业界的学术讨论毫不相干。很多普通民众会因此得出一个错误的印象，似乎"人类影响环境"这个观点尚存争议。这种局面无法令人满意，它是利益集团院外游说与媒体缺乏能力和责任心共同作用的结果。

记者和编辑们虽然无法审核科研结果的可信度，但是能通过认真的工作避免错误的报道。科学家们在这方面也要承担很大的责任。他们应该公开证明自己的研究能力，并且在发表意见时区分哪些事情是已经被认可的知识标准，哪些是他们个人的不同意见。另外，媒体出现错误报道时，科学家们不应默不作声，而应该要求编辑部做出更正——只有这样才会促使媒体扎实工作。

如果媒体能够不断开展一些对于民众非常重要的关于气候问题的讨论，那将再好不过了，例如："为了限制和适应气候变化应该采取哪些措施？"（参见第五章）

面对媒体报道和个别人的意见，普通民众和决策者们应该抱有一种健康的怀疑态度，无论这些说法是激化或弱化气候变化。人们可以在一些特定的地方获取客观而可信的知识来源，这些地方通常有数量众多的专业人士，他们通过自己独立的研究工作提出观点和意见，如IPCC和上文提到的那些组织机构。极端的个人意见和虚假的证据在专业人士广泛公开的讨论中没有立足之地。

第五章 ———————— 解决气候问题

我们在前面几章阐述了下列问题：

1. 地球气候体系能够应对巨大的变化。

2. 现代工业社会即将引发强烈的变化。

3. 这种侵害对于自然和文化的影响是巨大的，而且主要是负面的。

4. 试图淡化这个问题的做法更多来自于理想的想法或自己的利益，而不是来自于科学的见解。

这样人类就面临一个现实而棘手的问题，这个问题只能以恰当的方式得以解决。但是"解决"这个概念在这种情况下究竟意味着什么？为了回答这个看上去非常学术的问题，人们必须有两种不同的思考出发点：第一个出发点是关于"因果关系"的思考，这符合自然科学的思维方式；第二种出发点是"成本收益关系"的思考，这符合经济学实用主义的观点。

减缓、适应还是忽视？

"因果关系"的思考方式可以归纳为下面这个简单的公式：

$$气候损失 = 气候脆弱性 \times 气候变化 \quad （公式一）$$

这个公式的意思是，温室气体排放的负面影响与气候变化成正比，同时与相关系统的气候易受侵害程度（即"脆弱性"）也成正比。特别脆弱的是热带和两极地区的生态体系，或者严重依赖水资源和水质量的经济门类，如农业和旅游业（参见第三章）。

尽管公式一简化了一个非常复杂的过程，但是它能够使我们评估人类引发的气候影响，更重要的是，为系统讨论解决问题策略提供了思路：理想状态下气候损失完全不会出现，也就是说，公式一的左端接近于零。从公式中可以看出，要实现这一点，应当使公式右端的两个因素之一（即气候变化或者气候脆弱性）为零。

从现实角度人们必须接受一个事实，即这样完美的解决方案是不存在的，但是通过社会的努力至少可以减少相关的因素。尽可能大范围减少气候变化的做法称之为"减缓"（英语为mitigation），尽可能大范围减少气候脆弱性的做法称之为"适应"（英语为adaptation）。当然还有第三种解决问题的可能性，也就是既不采取减缓措施，也不采取适应措施，而是任由气候发展，听天由命。我们把这种令人担忧的做法称为"放任策略"。它等于完全忽视公式一左边的部分。[112]

本章的重点是讨论每种解决方案以及它们之间的关系。但是我们现在就可以发现，"减缓"主要和低碳经济的技术进步有关，"适应"则主要是和智慧与灵活的社会组织有关，而"放任"则是道德（或道德缺失）的问题。因为一种国际政策如果默许容忍毫无节制的气候变化，那么就会把免费使用大气产生的所有负担像垃圾堆一样推给后人，特别是气候敏感的发展中国家人民。许多非政府环境组织认为，这样的做法是发达工业国家对于第三世界国家的不道德剥削，在历史上史无前例。而这些发达工业国家应当为大部分的温室气体排放负责。

这样看来，解决气候问题时纯粹的"放任策略"只有在相应"促进公正"措施的配合下才可以想象：例如原则上人们可以首先观望全球气候变化的影响如何发展，然后在出现明确的损失时给予相关受害者补偿。有些经济学家支持这样的做法，他们的理由是，发达工业国家不必因为限制温室气体排放而影响自己的经济发展，它们可以自己花钱把受海平面上涨威胁的南太平洋岛屿居民迁移到澳大利亚或者印度尼西亚，这样的措施成本更低。但是这种做法忽视了社会和种族问题，而且会打开地缘政治的潘多拉魔盒，其危险性太大。

总之，人们很难想象一个全球政治道德上没有瑕疵的做法，能够直接有意识地放弃减缓气候变化：例如在联合国的倡导下可以引入一个全球气候强制保险体系（类似于德国医疗保险和护理保险的强制保险）。每个人一生下来就是"气候保险"的成员，但是他每年的保险费由地球上所有国家缴纳，具体说按照其在全球温室气体排放总额中的比例缴纳。该政策可以通过市场经济的招标机制委托给私营保险公司。当然，对于被保险人及其财产的气候脆弱性应该承担多少保险费用，很快就会产生分歧。这样，全球目前的保险情况将发生改变：特别是受到气候变化威胁的发展中国家几乎没有传统的保险体系，更不要说在出现气候损失的情况下有一个集体负担体系。因此令人怀疑的是，届时是否能找到一个保险公司愿意承担印度季风[113]不稳定所带来的后果。

有没有理想的气候变化？

现在我们逐渐接近了气候政策的另一个选项：经济优化。这个策略不是试图不惜一切代价解决某个具体问题，而是在采取社会行动时获取尽可能大的广义层面的收益。这个策略又可以被简化为一个简单的公式：

气候保护总收益＝被阻止的气候损失－减缓成本－适应成本　　　　　　　　　　　　（公式二）

由于我们在上文简单描述了两大行动策略，即减缓和适应，那么公式二就应该很好理解了。该公式主要考虑的是与这些策略相关的成本。从功利主义角度出发，在全球气候保护策略的框架下必须选择这样的减缓和适应措施的组合，它能使公式右侧的差最大化。该策略不主要考虑把可能产生的气候损失减少为零。如果相关的环保措施从国民经济角度花费过大，那么必须放弃。极端情况下，如减缓和适应策略所带来的环保收益低于成本，那么不需要任何补偿措施的完全放任策略也是有道理的。大部分研究成本和收益关系的理论家都认为，理想的策略应包括真实的减缓工作和适应工作。具体地说，这种想法必须确定人类引发全球气温变化的一个"理想的"目标值：既不能影响全球富裕程度的增长，也不能导致气候风险及其副作用的增加。

这种选择温度变化的完美想法虽然很诱人，但只是幻想。现在我们列举4个原因说明为什么纯粹的成本收益分析无法用于解决气候问题。

公式二反映出，从多个数值中只能得到一个简单的平衡关系——但是对此合适的"货币"是什么？人们当然可以尝试把气候损失和气候保护成本描绘成货币值。但是如果人类因气候变化而失去的生命可以被货币化，那将是一件可悲的事。同样的道理也适用于生态系统和动植物物种。

即使仅仅局限于纯经济层面，准确确定公式中3个因素中的一个也几乎是不可能的。相应的计算评估必须信赖借助于模型预测未来几百年的全球效应。我们目前对于气候损失的了解还存在诸多不确定性。甚至在已经出现的灾难情况下也无法准确判定气候变化造成的损失值是多少，如2005年8月的"卡特里娜"飓风造成了1000亿~2000亿美元的损失，但对于其中气候变化造成的损失的判断存在巨大差异，从毫无影响（即使没有气候变化也会出现这么大的损失）到完全归咎于气候变化（如果没有气候变暖造成的额外降水，新奥尔良的堤坝就不会崩塌）。如果气候系统正如在历史上那样不是做出平缓的，而是剧烈的反应，那么对于损失的评估将更加复杂。

适应的成本也无法确定，因为人们既无法预言气候变化的具体影响，也无法预言未来人类社会的组织。最好计算的是减缓所需的成本（例如通过改建能源体系），因为它是一种井井有条和可以计划的结构转变。由于公式二的结果来源于巨大的不确定数字，因此人们几乎可以按照自己的假设得到任意一个值作为优化的结果。

在这里我们必须强调，科研对于探究可能的损失以及适应的可能性做出了贡献。相应的研究对象在英语专业术语中是"vulnerability"（脆弱性）和"adaptive capacity"（适应能力）。这种研究通常是"假设模式"：X沿海地区可以采取何种预防措施防止海平面在Y年内升高Z米？如果海平面升高伴随着区域性风力和降水模式，那么物资与人员损失到底有多大？这些假设性的问题在一定程度上可以准确地回答。但是这些答案只是给我们指出了被观察系统常见的行为方式，并不是对于未来实际发展趋势的预言。

人们将面对成本收益分析中一个显而易见的界限问题：人类引发的气候变化只是世界上数百万个由各种力量、需求和想法推动的事件之一。如果世界上各个国家只是基于功利主义的考量决定它们的长期气候政策，那么它们必然要问自己，不采取气候保护措施，而是投资卫生、教育和安全体系的做法是否更有利于自己国家的福祉？这就是2004年成立的"哥本哈根共识"的出发点。[114]其创建人为丹麦政治学家比约恩·隆伯格（Björn Lomborg），是目前国际气候保护工作最著名的批判者之一。试图全面比较所有国家政策可能带来的福祉肯定不只是由于缺乏信息而最终失败，这种做法还完全误读了现实政治决定的本质：科尔政府实现的德国统一并不是通过精确的成本收益分析推动的，而是因为"机会之窗"突然打开，并且从民族、历史、情感等方面看，抓住这次意想不到的机遇是正确的。政府选择目标并不是基于利益最大化的考量，而是——在最好的情况下——用最低成本实现隐藏的目标。

如果人们借助于公式二计算最理想的气候变化，那么已经提到的公正性问题绝不会消失。因为一项政策试图为未来几百年世界人口肤浅地预告最大收益，这样的政策可能会给社会和个人带来最大的损失。优化意味着不仅允许每次利大于弊的二氧化碳排放，而且还应该鼓励。单纯减少排放是次优选择。如果某一排放带来了1000亿美元的收益，却造成了某地990亿美元的损失，那么这种排放就应该是允许的。人们理解该出发点对于美国经济学家的吸引力。如果阿拉斯加和加拿大的因纽特人的生存空间在世界社会产品优化的版图上被牺牲掉，他们相反是不会乐意的。这个问题同样涉及与未来几代人相关的公正性，因为未来的气候损失在成本收益计算过程中被打了折扣，典型的是每年2%。如果一项政策要求今天投资，但是30年后才能收益，那么这个政策是没有效率的。气候变化的长期后果，如海平面升高，将因此而被忽视。

制定全球目标

　　但愿所有这些理由能够说明一个事实，即现实中没有替代"因果分析"的可能性。人类引发的气候问题将由人类自己认识和解决。毕竟现在已经有了在国际法上具有约束力的一致准则和国际上通过的气候保护目标。其中最重要的是《联合国气候变化框架公约》(UNFCCC)。1992年6月在里约热内卢举行的联合国环境与发展大会上，总共166个国家签署了该公约，其他国家紧随其后。《联合国气候变化框架公约》目前有194个成员国，已经得到广泛认可。尽管这只是一个框架条约，必须通过附加条约转化为具体政策，但是《联合国气候变化框架公约》的条款却具有很大的推动力和影响力。其中第二条最为重要，它试图为全人类确定全球气候保护目标。原文如下：

> 本公约以及缔约方会议可能通过的任何相关法律文书的最终目标是：根据本公约的各项有关规定，将大气中温室气体的浓度稳定在防止气候系统受到危险的人为干扰的水平上。这一水平应当在足以使生态系统能够自然地适应气候变化，确保粮食生产免受威胁并使经济发展能够可持续地进行的时间范围内实现。

该描述已经出现在许多论文和讲话当中了，人们如何准确理解"气候系统受到危险的人为干扰"？专业术语中这个问题探究的是"联合国气候目标的实践"。很明显，上文讨论的成本收益分析在这里没有用处，尽管第二条把由于气候保护可能造成的经济损失与某些需要避免的气候后果做了比较。就这点而言，公式二提供了一份有用的检验清单用来考虑气候管理中的最重要因素。公约第二条并不是把每一个单独的内容罗列出来，而是要求在质量上同时满足完全不同的要求。这样做很明显考虑到了因果关系。现在需要找到一个"苍蝇拍"打死气候变化中的所有"苍蝇"。

欧盟认为已经找到了这支"拍子"。1996年6月25日在卢森堡召开的欧盟理事会1939次会议一致通过,"全球平均气温不超过工业革命前水平2℃,因此全球限制和减少排放,努力保持大气二氧化碳浓度低于550 ppm"。[115]此后,这个"2℃目标"不断通过欧盟环境部长理事会的各种决议以及第六次环境行动纲领得以证实,并成为欧洲所有环境策略的努力方向。2010年墨西哥坎昆气候峰会以来,"2℃目标"也成为全球气候保护努力的正式目标。

这样,欧盟和联合国考虑到了一次积极的气候政策讨论的结果,这次讨论是由德国联邦议会地球大气保护调查委员会于20世纪90年代初期推动的,[116]并于1995年由德国联邦政府全球环境变化科学咨询委员会(WBGU)确立,在第一次《联合国气候变化框架公约》缔约国大会的专家会议上,WBGU提出了"可宽容气候窗"概念。[117]其主要内涵是,由人类引起的全球平均气温变化不能超过2℃,同时地球气温变化率每10年不能超过0.2℃。本质上它确定了一个标准,这种标准对于应对集体风险是有意义的和常见的。这类似于乡间公路的限速,它的确定值无法用科学方法得出,而只是一个权衡的结果。

确定WBGU目标的原因简单而可信,其主要思路是:宽容窗之外的地球暖化过程会引发人类文明史经验之外的环境条件(因此只有通过巨大的努力和牺牲才能应对)。2003年12月召开的第九届缔约国大会专家会议上，该咨询委员会再次强调了为人类引发的气候变化加装"安全护栏"的重要性，并用一系列新的科学研究成果证明了这一点。[118]

此后，各种学术会议都致力于研究迫切需要的"地球暖化界限"这个棘手的问题。其中最主要的是英国时任首相托尼·布莱尔于2005年在英国埃克塞特发起成立的"避免灾难性气候变化"国际大会。[119]会议上确定了两大标准：

地球变暖超过工业革命前2~3℃是不负责任的做法。事实上，埃克塞特大会描绘的气候变化影响比目前通常认为的更严重。会议指出，全球升温超过1~2℃将会引发自然和文化的巨大损失。超过2℃界限将引发一系列不可预知的灾难性气候。

只有大气中二氧化碳浓度不超过450 ppm，2℃警戒线才能守得住。其他温室气体的影响是暂时的，因此它们在实际选择的长期目标中并不扮演重要角色。通过该分析，气候敏感性应在2.5~3.0℃之间。如果高于该值，那么实际上没有排放的活动余地。这样的话全球二氧化碳排放必须减少60%~70%，事实上这是不可能的。即使450 ppm是正确的趋势，那么大气中二氧化碳浓度"可宽容"的上升度留给人类的只有区区60 ppm。

解决气候问题的可行性

目前还不存在对抗地球大气破坏的神奇武器（美国人称为
"银弹"）。《京都议定书》尝试通过结构划分的方式总结解决气
候问题一些最重要的思路。解决问题的思路被归纳为一个二维
区域：横轴是"行动坐标"，纵轴是"策略类型"。我们接下
来将尽可能详细解释每一条内容。目前正在严肃讨论的或者已
经实施的行动主要占据该区域的右上角；最下方的适应栏逐渐
受到气候政策制定者的关注。我们将清楚地说明，最大的希望
和努力集中在图表的中心区域。为了做到这一点，我们将以顺时
针方向旋转穿越整个策略空间。我们将从全球减缓思路谈起。

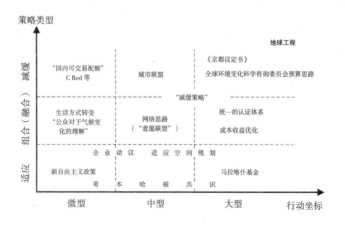

《京都议定书》或四季贩卖商

本书两位作者中的一位于1997年作为德国代表团专家参加了在日本京都举行的历史性的第三届《联合国气候变化框架公约》缔约国大会，代表团由当时的环境部长、后来的德国总理默克尔带队。该作者见证了在全世界气候商贩无数次嘈杂而漫长的夜间会议中，一个政策上的庞然大物是如何诞生的。这个庞然大物就是按照会议举办地命名的《京都议定书》，旨在将里约热内卢达成的气候共识付诸实践。它能够证明，这个棘手且不完善的条约最终在时任美国正副总统克林顿和戈尔的意志下强行通过的。但是后任美国政府却坚决拒绝《京都议定书》，这真是历史上一个莫大的讽刺。

许多学者、政治家和记者撰写过大量的书籍和文章介绍及报道了这份传奇的议定书。下面是一些基本内容：

该议定书是迄今为止唯一一份国际达成的共识，它有约束力地规定了应实际减少最重要的温室气体排放。但是该议定书在京都气候大会8年后，即2005年2月16日才开始生效。其原因在于议定书25条规定的通过决议的法定人数，这是通过决议必要多数的前提条件。一、至少55个缔约国的议会必须批准该公约；二、发达国家和发展中国家（由《联合国气候变化框架公约》附件一列表定义）其合计二氧化碳排放总量至少占附件一所列缔约方的1990年二氧化碳排放总量的55%。因为美国（当时是最大的排放国）和澳大利亚这两个最重要的发达国家不愿批准该议定书，因此最后的决定便系在俄罗斯这根丝线上，也就是取决于俄罗斯总统普京的个人决定。2004年秋天，普京最终批准了该议定书，并以俄罗斯需要承担的份额（附件一，二氧化碳排放的16.6%）帮助公约通过了自设的障碍。

尽管各国批准公约的焦点在于二氧化碳排放，但是《京都议定书》还包括了几乎所有重要温室气体，如甲烷、一氧化二氮（又称"笑气"）、卤代烃、氟化烃和六氟化硫。这些气体的温室效应各不相同，经常用"二氧化碳当量"表述，这样不同气体的量就可以直接进行比较。下文提到的减排义务的百分比指的就是二氧化碳当量。目前在全球范围内，二氧化碳占人类温室效应的60%，其他气体占40%。德国1990年的排放总量中，二氧化碳占温室效应的84%。

该条约是一个巨大而长期的工程：2008年至2012年这个时间段已经被确定为第一个责任期。总共39个发达国家缔约方（议定书附件B中专门列出）的平均排放在第一个责任期相比1990年必须减少5.2%。但是条约也确定了不同国家的义务。例如瑞士必须减少8%的排放，而澳大利亚则可以按照附件B提高温室气体排放8%。"四季的贩卖商"们在京都规定了许多类似难以思议的国家份额：美国-7%，日本-6%，俄罗斯±0%，挪威+1%，冰岛+10%。完全不可思议的是，1998年，欧盟当时15个成员国在负担平衡的框架下把它们共同减排8%的义务分摊开：例如德国和丹麦应减排21%，英国减排12.5%，荷兰减排6%；而一些国家却可以增加排放量，如瑞典可增加排放4%，西班牙增加排放15%，葡萄牙甚至达到27%。

除了这些数字上的费解之处外，《京都议定书》也有一些创意措施——最好的例子是采用了所谓"灵活机制"，目的是帮助缔约国履行义务。这里涉及3种手段，即"排放交易"（ET）、"联合履行"（JI）和"清洁发展机制"（CDM）。

"排放交易"的基本思路是，不要求污染者（《京都议定书》里指民族国家）严格遵守指定的排放界限，而是给他们机会互相交易各自的排放权。一个国家化石能源需求因为经济衰退而减少（如苏联解体后的俄罗斯）或者能源供应体系从煤炭转变为天然气（如英国），因而无法或不必用完其排放份额，那么该国就可以将它剩余的排放权卖给出价最高的国家，比如卖给那些经济高速增长的国家，或者无法通过相应措施和投资提高能源效率的国家。

"联合履行"要求发达国家合作开展气候保护项目。其中一些计划（如建设风力设施）虽然在A国实施，但B国必须进行资助。按照议定书第六条，A国因此而减少的排放量将作为奖励转让给B国。典型的例子是克罗地亚和德国的联合履行项目。

　　"清洁发展机制"鼓励发达国家和发展中国家在第三世界共同开展气候保护项目。该手段在议定书第十二条专门谈到，类似于"联合履行"机制。最佳典范是瑞典和尼加拉瓜的合作项目。

　　国际法的严格描述与灵活机制的具体实施构想对于非专业人士而言无异于一部天书。一个由负责气候工作的行政人员组成的巨大团队正在维护着这本天书的复杂性。除此之外，《京都议定书》还有其他一些不足之处。

　　该议定书打开了一个漫无头绪的政治抽屉，即如何把生物吸收二氧化碳计算到减排责任中去。如果一个国家通过重新造林（暂时）从大气中清除了二氧化碳，这应该具有积极的意义。这个基本理念其实是非常有意思的，因为规定在理想情况下在气候保护和生态保护之间搭建一座桥梁，但问题是如何检测。几年前一则新闻震惊了公众：研究者证明，美国的植被吸收的二氧化碳比工业排向空气的二氧化碳还要多。这个结论虽然很快被证明是错误的，但是它的误导作用却持续了很长时间。[120]另一方面这有可能成为一种"变态的吸引力"：如果把重新造林计算在内，而不考虑之前砍伐所引起的二氧化碳排放，那么这可能将鼓励对于原始森林的乱砍滥伐。

　　令人失望的还有减排责任的不足。《京都议定书》只是在迈向2050年必须减排一半的第一小步。即使全面遵守该议定书，发达国家在2010年之前也只能减排5%。考虑到发展中国家的增长和美国、加拿大的退出，全球总排放相对于1990年实际增加了40%。[121]

《京都议定书》从一开始就被设想为联合国框架下气候保护大厦的第一块砖头。但是在2009年哥本哈根气候峰会上，2012年后必须实施的"后《京都议定书》进程"的谈判陷入僵局，全球气候保护的未来目前（2011年）显得一片茫然。难题在于发达国家和发展中国家以及新兴国家的利益平衡。发展中国家和新兴国家虽然人均排放量低，但是却有很高的增长率。为了改变这种趋势，气候保护工作应该以可持续和公正的方式把发展中国家和新兴国家纳入其中。若非如此，即使发达国家履行了它们的义务，气候保护工作也将以失败而告终。

《京都议定书》成功的最大障碍其实不尽然是条约本身，而是这样一个事实：第一，美国不支持，甚至破坏该条约；第二，一些缔约国，例如加拿大，将不履行它们的减排义务。1990年至2008年的数据显示[122]，前欧盟（15个成员国时期）总的来说能够实现《京都议定书》的目标：1990年至2008年，尽管经济产出增长了45%，而温室气体排放减少了7%。减少排放与经济增长应该可以脱钩。欧盟扩大后（27个成员国），其排放甚至减少了15%，但是这主要是因为东欧低效率工业的减少。美国的排放增加了14%，澳大利亚则增加了31%。如果没有英国和德国的减排成效（英国减少18%，德国减少22%），

那么欧洲的气候保护成绩也将是一片惨淡。主要是地中海国家
的排放急剧增加（西班牙增加42%，葡萄牙增加32%，希腊增
加23%）。

国家	排放变化（%）	《京都议定书》目标（%）	国家	排放变化（%）	《京都议定书》目标（%）
比利时	−7.1	−7.5	卢森堡	−4.8	−28
保加利亚	−37.4	−8	荷兰	−2.4	−6
丹麦	−7.3	−21	新西兰	+22.8	0
德国	−22.2	−21	挪威	+8.0	+1
爱沙尼亚	−50.4	−8	奥地利	+10.8	−13
欧盟	−6.5	−8	波兰	−12.7	−6
芬兰	−0.3	0	葡萄牙	+32.2	+27
法国	−6.1	0	罗马尼亚	−39.7	−8
加拿大	+24.1	−6	俄罗斯	−32.9	0
列支敦士登	+14.7	−8	斯洛伐克	−33.9	−8
立陶宛	−51.1	−8	捷克共和国	−27.5	−8

1990年至2008年，《京都议定书》附件一成员国温室气体排放变化（不含土地利用），并与《京都议定书》规定的截至2010年减排目标做对照。对于欧盟成员国（总减排目标8%）展示的是欧盟内部商定的各国减排目标。该目标的实现还取决于土地利用变化和排放权交易形成的排放。（资料来源：《联合国气候变化框架公约》）

德国虽然实现了《京都议定书》规定的减排21%的目标，
但是也从东欧国家排放急剧减少中获益：1990年至1992年，
全德国排放减少9%，这被称为"柏林墙倒塌效益"。超过一半

的减排应该归功于气候保护工作的努力。德国政府自己选择并自豪地宣布二氧化碳减排目标（2005年前减少25%）却并未实现。除了《京都议定书》规定的每个国家的减排目标外，还应该考虑到减排工作的整体关系。尽管各国有自己的气候保护措施，大部分发达国家消费者的碳足迹相比1990年不减反增。世界贸易流向的改变，特别是中国作为世界工厂的重要性与日俱增，也对这种发展趋势造成了影响。因此，气候保护这项大型工程需要全球视野和所有排放大国的参与。[123]

WBGU 实现可持续化的路径

人们经常问一个问题："气候还有救吗？"鉴于上文描述的《京都议定书》进程中的种种问题，这个问题很遗憾并非杞人忧天。但是我们还有理由保持希望，乐观应对。德国联邦政府全球环境变化科学咨询委员会（WBGU）在一系列评估鉴定中[124,125,126]指出，在联合国内部，人类充足的能源供应、有效的地球大气保护和公平的负担平衡可以同时实现。（参考资料详见注118）为此，各国政府必须采取更多的行动，经济界必须大胆投资，全社会应当坚决参与一场新的工业革命。

WBGU的观点指出了3个基本要素：1.可持续的框架条

件（所谓"安全护栏"）必须针对每一项政策给予明确的指导；2.精确设计不超越安全范围的世界能源体系转变计划；3.明确指出必要的国际法和经济结构政策的措施。我们将在下文简单介绍这些因素。

所有考虑问题的出发点都是基于这样一个基本认识，即21世纪的世界经济还将继续快速增长，并且在全球能源需求量急剧增长上反映出来。这种发展趋势不仅几乎无法用政策手段阻止，而且潜在地与一系列希望得到的结果有关：目前第三世界约有20亿人没有现代化的能源供应，这种发展趋势可以消除这些国家的"能源荒"。建立在发展中国家和新兴国家自愿或强迫放弃能源的全球环保战略不仅注定要失败，而且是虚假和不公正的。因此，WBGU的出发点是世界能源需求将继续增长。但是全球不可再生能源需求到2050年将会下降，原因在于，绝大部分投入使用的不可再生能源都被作为废热浪费掉了：如果一个火电厂的热效率是35%，那么投入使用的不可再生能源中有65%会被浪费掉。如果用风力生产同样数量的电能，那么不可再生能源需求就会减少65%。

2011年，WBGU介绍了一种如何用可再生能源实现全球能源完全供给的途径，这种方法具有示范意义。通过该方法，不可再生能源年需求从500艾焦下降到400艾焦，但实际能源供应却增加了。这样，电能成为最重要的能源形式。这与现在液体能源（石油）和固体能源（煤）载体占优势的情况不同。

电能将用于交通和通过热泵进行室内供暖，这样能获得更大的能源效率。所需电能主要由风能和太阳能制造。产能波动将通过超级智能电网的负担平衡和不同储存方式得以抵消。如果要实现这样的情况，每年可再生能源增长率必须保证在4.8%。

除此之外，该咨询委员会还专门探讨了大型技术可能性的两大安全保障，这两大技术目前处于环保政策的巨大争议中，它们是核能和碳封存。WBGU并不想再次复兴目前占年世界能源总需求2%的核能。在能源需求不断增长以及反应堆老化的情况下，如果接下来30年要提高该份额，就必须新建数百个新的核发电厂。这种做法既不现实也不理想。鉴于全世界核反应堆发展可能带来的风险（主要是中东、非洲和拉丁美洲的危险地区），这些地区保持绝对安全是必要的。事实上气候能源问题无须核能也能解决。

对此可以考虑一种新型的（而且非常安全的）技术替代方式，即碳封存。这种阻止气候变化的方法在IPCC报告中被详细讨论过。[127]其基本思路是，分离工业生产中（如发电）化石燃料释放的二氧化碳，然后以恰当的形式（如液体）运送到地质存储系统中（如岩石、开采处的矿层、海底沉积物等），并在那里长时间（至少几千年）地与大气隔绝。

把碳封存纳入气候保护的讨论中引起了科学家和工程师的热情参与：一方面通过高压测试了二氧化碳量急剧扩大情况下现有分离技术的经济性和可操作性；另一方面，这项技术在地质工作者中形成了一种"绿色淘金热",他们在世界各地寻找碳封存的最佳可能性。

这种限制气候变化的大规模技术的理想选址是丰富化石燃料(如褐煤)储量的开采区,这里同时具有利用这些燃料的设备(如热电厂),它们都配备了先进的分离技术,这样可以就地把碳压回需要开采的矿层。通过该方法,地球上的人类就可以获得纯净的能源,而使(几乎)所有物质附属物得以再循环。新兴国家中国在2006年已经超越美国成为二氧化碳排放第一大国,它能够提供碳封存技术最理想的条件,至少在几个省份是如此。

当然,关于碳封存的历史甚至连第一章都没有书写,最多也就是引言部分。在更严格的标准下,该技术最早也将在2020年后投入使用,其经济性和安全性问题还有待检验。WBGU明确把碳封存技术纳入可考虑的策略,但是把至2100年由该技术从大气中分离的碳总量限制在最多3000亿吨。该数字一方面来自于可操作性和经济性考量,另一方面来自对长期有保证的储存能力的评估。另外,WBGU完全不考虑碳深海排放的做法,因为其后果目前无法预见。

不同的能源混合前景都存在,它们都能满足上面提到的可持续条件。这些能同时保证能源安全、气候和自然保护的美好愿景真的能实现吗?如果可以,那么代价又是多少呢?为了回答这些根本性问题,WBGU委托第三方做了一系列的研究和模型计算。在这个过程当中使用了先进的生态模拟技术，它能呈现气候由于内外部驱动力产生的动态变化过程。该分析主要基于奥地利位于国际应用系统分析研究所（IIASA）的能源经济综合模型MESSAGE-MACRO[128]和波茨坦气候影响研究所的MIND[129]。两种模拟模型提供了对于全球国民经济最便捷的路径来改造世界能源体系，同时还要顾及上文详细谈到的可持续性。

总而言之，两种方法都能够对气候保护的成本做出类似的评估：全球国民生产总值将损失0.5%。[130]这个特别重要的结果也可以通过另一种方式表达：如果选择最优气候路径，拯救世界气候的结果将以世界经济延缓两个月的代价来换取。这个相对比较小的代价将带来下文要谈到的巨大效果。

为什么能源转变能以相对低廉的代价获得？而第四次IPCC报告估算把二氧化碳含量稳定在450 ppm的成本则10倍于此。[131]对于这个问题的回答就和问题本身一样是多方面的，但关键词是"工业化进步"。在常规经济运行条件下，全球和国内市场都是按照供求法则安排创新及其传播——能源领域当然也是如此。但是能源领域的进步在工业国家经历了20世纪70年代的油价暴涨后几乎陷于停顿（即使有可能开采目前不营利的化石矿藏，但由于原油市场不断攀升的价格，相应的投资也可能增长）。此外，平均投资动力还远远不足以引起类似于第二次工业革命那样的巨大结构转变。但是经济史也告诉我们，在特定条件下，改变人类社会的进步动力也可能产生（如19世纪德意志帝国的经济繁荣时期）。

MESSAGE-MACRO 和 MIND 的模型计算基于一个重要的认知，即市场通过内部动力只可能部分找到解决气候能源问题的正确方法，只有当公开的手（即政府和相关部门）创造出正确的框架条件，那么才能找到不影响经济发展的解决方案。这些框架条件包括：制定限额以避免长期投资决策失误；增强投资吸引力，以便使可用资金投资可持续发展项目。制定限额的措施包括将温室气体排放限定在可容忍的范围内，并可随时追查；增强投资吸引力的措施包括建立碳排放交易，承诺给节能者带来利润，当然还包括各国政府大力支持能源领域的研究和发展。后者的重要性似乎已经逐渐深入各国政府的意识当中。分析显示，目前的世界能源体系处于"地区性次优状态"，正如一个雪橇陷在某个地方的坑里，这个坑只是由一个短而浅的坡地与陡峭的深谷（全球最优状态）分开。只要稍微加一把力向前推雪橇，它就可以以极快的速度前进！能源向可持续性转变恰恰就需要这只公共之手的推动——长期来看，这种推动力将会收获两倍、三倍甚至四倍的回报。

模型计算显示，以可持续发展为目标的新工业革命必须首先运用这样集中可能性：1.大幅度提高能源效率，消费者改变行为方式，更加节约使用不可再生能源和能源服务。2.在深刻的能源结构转变框架下用可再生能源替代化石能源。3.对有害气候的剩余碳进行地质学分离。关于第三点我们已经在上文详细谈过。现在需要再次强调一下前两者的一些要点：仅靠提升价格很难消除人们对于能源的需求；在这方面，消费者基于更加了解气候问题而主动做出选择则更加重要。短期来看，用（相对）气候友好的天然气大范围替代煤炭和石油，这种做法应该可以减少化石能源领域的"碳强度"。长期来看，更需要向太阳能社会转变的结构变化。太阳能、风能、光伏技术和生物基材料是未来的王牌技术。但是它们只有当世界经济准备尽快学习并得到政策支持的情况下才能显现威力。用学术语言表达这就意味着，在确立可再生能源地位以及提高化石能源领域能源效率时，"学习曲线"必须向上延伸。经验告诉我们，"边做边学"是民主的市场经济的巨大优势之一：一项创新的运用越深入且受众群体越广泛，其效率和收益提升的速度就越快。

最好的例子是风能，其成本自20世纪90年代以来下降了一半，而新设备的额定功率增加了14倍，目前达到2.2兆瓦。目前德国建设了2.2万个风轮，它们生产了全国7%的电能，在大约仅15年建设期中，它们已经明显超越了水利。在地势优良的地方，风力发电非常经济（电价约为每千瓦时5欧分）。

德国风力设施的扩建主要在海上进行，这里能达到每年平均3500满负荷小时，为陆地风电场的一倍。[132]风能潜力最大的地区并不在德国，而是在整个跨欧洲地区，通过风力发电，欧洲电力需求几乎完全可以用欧洲内部以及周边的风能所在地得以满足。[133]这些地方主要是苏格兰、挪威、摩洛哥和毛里塔尼亚四国的沿海地区以及俄罗斯北部和哈萨克斯坦[这两个国家陆地上的许多地区（以及人口稀少地区）能达到超过3000满负荷小时]。运用目前的技术，这些地区可以给我们提供低于每千瓦时5欧分的电能——而且这已经把每千瓦时1.5~2欧分的运行维护成本计算在内了。水力发电厂可以用来平衡风力发电的时间波动——仅挪威水库的容量就可以完成未来绝大部分的候补任务，但前提是建设必要的远程管网。

另一个极具前景的可能性是太阳能发电厂，太阳热能通过镜面集中并通过涡轮进行发电。自20世纪80年代以来，美国加利福尼亚已有9座配备槽式集热器的发电厂投入使用。目前其他国家还有一些太阳能电厂正在建设当中，特别是西班牙、美国和法国。通过这样的电厂，北非国家也可以向欧洲输送电能；在一些地势优良地区，该技术不久就可以盈利。和风能一样，下一步必须建立有效率的发电联合集团。

令人吃惊的是，在知识更新不断加速的情况下严肃考虑技术转变的做法仅仅是最近几年的事，但是对此的争论却越来越多。最近发生的一件真正具有里程碑意义的事情是国际模拟比较，大约十几个不同的能源—环境—经济模型在设定的条件下被检验如何解决气候保护问题。[134]该大型科学实验项目再次证明了借助于MESSAGE-MACRO和MIND所取得的认识，即在创新活跃的前提条件下，这些模型计算出，保持大气二氧化碳稳定在450 ppm的平均成本是全球国民生产总值的0.5%。该项目（为人熟知的英文缩写是IMCP）同时加深了一个认识，即市场无法单独实现这样低成本的结果，因为市场单纯遵从供求原则：世界经济的进步猎犬必须由能源政策引导去狩猎。

这篇关于气候保护的国民经济和技术条件的说明是必要的，这样才能真正认识WBGU的思路和出发点：它不仅确定了传统经济增长方式的生态学界限，而且还描绘了该界限内部通向创新型增长的经济学路径。因此，可持续发展战略的两大内容已经被囊括在内，但是还缺乏社会公正这一内容。在人类引发的全球变暖的问题上，社会公正这个命题可以被总结为两个伦理道德的基本信念：1.不仅法律面前人人平等，自然面前也是人人平等；2.谁破坏气候谁负责（即"污染者付费原则"）。关于第二点我们还要进行详细论述，我们首先谈谈公平问题。

即使把世界上的排放限制到可以实现2℃目标（或者二氧化碳浓度稳定在450 ppm），那么还有一个问题悬而未决：这块"全球污染蛋糕"如何分配给每个国家？人们可以用法律手段颠覆这个问题，这样的事最近几年大量发生过。但是最后只有一个道德性的回答：地球上的每个人都有责任平均分担大气负担，因为大气是为数不多的全球共有财产。WBGU在1995年准备第一届在柏林举行的缔约国大会时就已经宣传了这个原则，并引起了政治家们从惊讶到愤怒的各式各样的反应：一个美国人平均造成的碳排放是南印度地区和西非地区个人排放的数百倍。这怎么能够和世界上所有事情一样，气候治理中的平等原则也必须在国际法上得到认可并付诸实施呢？但是目前气候保护的队伍继续朝前行进，WBGU的倡议成为越来越活跃的道德讨论的一部分。

在接下来几年的后《京都议定书》谈判过程中，发达国家必须认识到，每个试图在地球污染方面保持现状的做法（即"祖父法则"）都将给予正在腾飞的发展中国家（如中国、印度、巴西、墨西哥和尼日利亚）长期无节制碳排放的特许证。如果发达国家希望发展中国家也登上可持续发展的轮船，这只有在公平的条件下才能成功。气候政策中一个基本的自然科学边界条件是这样一个事实，即如果全球升温被限制在2℃（或者其他值），那么总的来说（不是每年）只有有限数量的二氧化碳被排放出来。我们今天排放的多，那么明天剩余的就少。这在于二氧化碳在大气中的长滞留期——地球只是非常缓慢地原谅我们过去的错误。这块有限的"排放蛋糕"应该被公平地分配。

这个蛋糕究竟有多大呢？全面分析的结论是，如果我们希望停留在2℃警戒线以下2/3的位置，那么人类在2010年至2050年还可以从化石能源中向大气释放7500亿吨二氧化碳。（参考资料详见注125）如果把这块蛋糕平均分配到现有地球人口中，那么每人每年平均拥有2.7吨二氧化碳。因此排放值必须从目前的每年4.5吨减少到2050年的每年1吨，2050年后的

10年减少为0。

发达国家每人平均超过10吨，即使不计算他们以前的排放量，而只是把未来的排放量公正地分配给每个人，发达国家靠自己的力量完全无法停留在自己的排放限额内。因此全球必须通力合作，低排放国家（如印度或非洲国家）可以把它们的排放权转让给发达国家，作为回报获得气候保护和适应措施。WBGU详细研究了该机制的运转过程，并于2009年在一份配额方法报告中做了说明。(参考资料详见注125)

我们详细解释了WBGU解决问题的思路，因为它是为数不多的阻止气候变化的综合方案之一。另一个类似比较全面，但不太深入的分析是围绕着"减缓原则"。[135]该思路试图说明，利用目前现有技术和设备可以减少数千兆吨二氧化碳排放，而不必等待未来出现神奇武器。[136]

尝试适应

到目前为止，我们在计算气候成本时还没考虑到它的主人，即无法避免的气候后果。这个主人可能坚持要求支付矿山成本，如经济损失、社会歧视和大量的人员伤亡。正如前文提到的，把这些影响准确地认定为全球变暖的作用是非常困难的。但毕竟还有许多研究至少估计了大概的范围。按照德国经济研究所的一项调查，如果截至2100年全球平均气温升高3.5℃，那么全球经济将损失150兆美元，如果升高4.5℃，这一损失将翻一番[137]。这样，国民经济损失将是稳定气候在可接受水平上成本的20倍！这一计算没谈到一些实际无法取代的价值，如人类健康、文化家园和地球遗产。

这里应该考虑到上文提到的"肇事者原则"：因为那些超量排放温室气体的国家本来应该以恰当的方式赔偿那些深受排放之苦的国家。在国际司法权框架下直接实施"污染者付费原则"将引发大量资金从发达国家流向发展中国家，因此前者将不惜一切手段抵制该原则。"主动适应"气候变化对于许多国家将成为一条出路，在这个过程当中南半球的许多危机国家面临巨大挑战。

究竟什么是"适应"？多年以来，相关研究工作试图回答这个问题，但结果甚微。因此我们自己为此下了定义："适应气候变化意味着试图通过尽可能智慧、廉价和易行的措施减弱潜在的负面效应，并通过同样的措施提高潜在的积极后果。"

理想情况下的确需要聪明和免费地调整日常行为，这也许能创造另一种生活质量：例如，如果德国的气温上升到地中海地区的温度，那么德国人为什么不去适应这种地中海地区的休闲氛围呢？但是在最严重的情况下（将来会出现很多最严重的情况），适应无异于大自然用鲜血、汗水和泪水强迫相关人群做出反应，例如，如果印度洋海平面上升数米，那么沿海大城市如何自保呢？改造欧洲一些大都市（如柏林和伦敦），使它们能够适应亚热带气候，这项工作也不是用小笔资金就能完成的。

适应的压力不断增大，其规模很遗憾几乎不为人所知——甚至联合国系统框架内专业的气候谈判者也不知道。能证明这一判断的是"马拉喀什基金"微不足道的金额，该基金设立于第七次缔约国大会，用来资助发展中国家的气候保护工作。甚至2009年哥本哈根确立的把用于适应和减缓的转移金额从2020年起提高到1000亿美元的做法也无法公正地解决这个问题。另外，目前很多事都已经说明，虽然意图声明很庄严，但问题依旧存在。

不必过分挑剔，人们就会发现，这里试图用一个百万美元的计划解决数兆美元的问题：目前供求关系不成比例，大约为1∶1000000！在适应这个问题上，全球气候保护设计无异于杯水车薪。我们还要再谈及这个题目。

撇开在受害地区开发新的资金来源不谈，还有一系列的机构性措施需要考虑，这些措施不必局限于《联合国气候变化框架公约》内，并且可以更好地应对全球变暖的后果。全球范围内首先是世界卫生组织（WHO）和联合国难民事务高级专员办事处（UNHCR），正如我们解释过的那样，随着气候变化，全球流行病形式将发生巨大改变，海平面加速上升使过去的难民潮以小组迁徙形式呈现出来。快速分析目前联合国难民工作的结构和能量就可以看出，目前的难民问题几乎无法解决。为了以非暴力手段应对气候引起的人口迁徙，需要对《联合国宪章》进行彻底改革，并且对于更新宪章配备最高行政能力。世界卫生组织也必须以类似方式适应未来的需要。例如人们很难想象，目前这套起源于19世纪的国际检疫体系能够应对气候变化中高速流动的世界人口带来的挑战。对于机构应对能力最大的检验之一是重新规定各国捕鱼份额——目前的远洋渔业即使在没有气候和海洋改变（酸化）的情况下也面临崩溃的危险。

地区性范围有必要，也有可能去开展适应全球变暖的有效和低成本的一些规定。原则上，所有规划措施（包括空间规划、城市发展、沿海地区保护和风景维护）都必须考虑到气候因素，并且通过适当的听证程序（"气候审计"）安排，以适应未来的需要。这也同样适用于所有大型私人和公共基础设施建设（如拦水坝或港口设施）、交通道路规划、地区工业政策（必须能预判未来的地点条件）与完善国内旅游规划等。例如欧盟现在面临一个巨大的任务：它必须使花费巨大且必须改革的核心领域，即统一的农业政策，适应欧洲与海外出气候引发的农业生产条件变化。相关政府和部门还不了解巨大的雪崩正向它们袭来，并且决定忽视远方传来的雷声。如有些管理部门小心翼翼地尝试出台一些新的建筑计划，以应对伴随着气候变化出现的洪灾风险，但这些值得称赞的例外做法也无法改变整个面貌。更大的适应活力来自于私营经济部门，如水资源、垃圾处理、建筑、能源、林业和葡萄种植等领域已经开始认识到时代的特征。首先动起来的是再保险经纪。如果保费不能很好地适应由全球变暖引起的被保险损失（主要由极端气候现象引起）扭曲的发展，那么保险业的生存将岌岌可危。

类似隆伯格那样的新自由主义理论家（参见前文提到的"哥本哈根共识"）坚信市场有能力及时组织安排文明史上最大规模的适应活动，因此我们可以放弃阻止气候变化工作。他们这种想法有道理吗？仔细观察关于"适应而不是减缓"的讨论就会发现这样的做法只是一种表面上的可能性。实际上两者都不可缺少：即使全球气温仅上升2℃，也必须适应气候变化；如果不把气候变化限制在2℃，那么几乎不可能成功地适应气候变化。如果全球气温升高3℃、4℃或者5℃，我们人类将面临一个几百万年以来地球上未曾出现的气温。人类适应能力的极限将被突破，不仅仅只针对生态系统。

2005年夏季美国新奥尔良发生了飓风灾害，一些科学家因此支持"适应优先"策略[138]。尤其是偶尔试图展现地方性短期防灾政策在面对全球长期减排策略时的优越性。这样的思路错误地估计了与气候变化相关的挑战的特征和规模。我们想借助于一个例子解释这一点，这个例子就是热带气旋带来的威胁：随着气候变化不断发展和赤道附近海水表面温度不断升高，大自然会形成越来越多杀伤力巨大的飓风或台风，这已经是一个科学界的共识。但是这只是一个典型的统计学说法，它对于应对具体气候现象毫无价值：每一次热带气旋都是一个纯粹的偶然现象，它的形成完全不可预测，其路线最多能预测几天。错误地预报几小时或者几十海里将导致灾难性后果。因此一个精确的适应策略只是一个危险的幻觉，该策略认为，在这种风暴赌博中，受害地区和城市可以借助于足够的预警时间安然躲避袭来的灾难（如通过整体撤离、临时利用超市商品保障受困建筑物的生活供应、动员国民卫队等）。

　　如果加勒比海飓风应对工作的可能性由于人类引发的气候变化而发生剧烈的改变，那么整个受害地区必须在修正可能性的基础上推动风险管理。原则上有3种方案可供选择：1.忽视已经变化的危险局面；2.使整个加勒比海地区免受飓风威胁；3.放弃受到飓风威胁的居住地。方案1和方案3在政治上都不可行，因为两者都意味着美国佛罗里达州的毁灭。这样只有方案2是唯一一个能够达成一致而且公正的适应策略，但是要耗费巨大的人力、物力。因此是否应该考虑从根本上解决问题，即通过减排使飓风管理处于一个（不容易实现的）正常水平。这样做难道不是更有意义（以及更节省成本）吗？因为这样做肯定能阻止该地区某个地方的灾害，而适应策略不能保证任何地方完全安全，但是给所有地方带来巨大的花费。

　　可以用一个反恐领域的例子来说明这个分析：外国恐怖分

子通过某个边境地区潜入一个国家，该国家受到他们的威胁，那么人们可以在"适应策略"的框架下给所有公民配备防弹背心和防弹汽车，因为人们无法预言恐怖分子会在何时何地发动袭击。每个读者都会同意，这样的做法不仅愚蠢而且花费巨大。因此，这种情况下"减缓策略"更有意义，它能通过封锁危险的边境地区阻止恐怖分子的渗透，即使为此也要花费巨大的力量。遗憾的是，这种比喻中也有一个最接近政治现实的妥协：政府认为自己没有能力持续保证边境安全，但是能给所有位高权重的人物安排全面的贴身保护（有钱人自己掏腰包买到这样的保护）。

一个巨大的危险是，类似的妥协策略将在受到风暴威胁的加勒比海地区实施：达官显贵（如迈阿密和坎昆）的堡垒修建得既防水又防风，剩余地区只能干瞪眼。这种适应形式完全符合新自由主义的道德观：穷人不懂得利用全球化的机会，因此也不配得到预防全球变暖的保护措施。

自愿者联盟或者"表率作用"

上文我们简单介绍了用"适应"替代"减缓"的建议，它是所有对于"全球思考，地区行动"这个陈腐但合理的口号解释中最没有用处的。地区性适应当然是全面解决气候问题的一个组成部分——孩子已经掉到井里，人们不能因此看着他淹死。但是为了小范围和单独管理气候变化，这个理由反过来才对，即开始进行"减缓"考量的时候，毕竟大多数国家的政府只能对一小部分的温室气体排放负责。绝大部分排放都是由私人企业和消费者造成的。如果能使这些国民经济的私人参与者也能可持续地使用能源，那么在气候影响链的终端就不需要开展适应性工作。

英美国家认为个人承担责任要高于政府的预防措施，因此在这方面该地区出现了许多引人注目的倡议行动。比如"碳减排策略"（CRed），这是一个由东英格兰发展协会和东英吉利大学开展的项目，旨在减少日常生活中的碳排放。[139]该项目的出发点是，人们观察到每个英国公民平均每年在消费过程中产生的二氧化碳能够充满5个大型的系留气球。该项目的目的在于，截至2025年把个人引发的温室效应降低到大约两个系留气球的量——至少许多地区能够实现这一目标，如诺维奇市。"碳减排策略"项目尝试动员社会各界力量和不同年龄的公民参与该活动，并且为此利用了所有可能的平台（学校、超市、机关、球场和剧院）。该倡议得到了当地和全国许多名人的支持，这种可持续发展的意识正在成为东英格兰地区市民文化的一个主要组成部分。

另一个有趣的个人气候保护策略的想法也来自英国，并且下议院已经开始讨论未来相关的立法工作。科学家和政治家们建议引入"个人污染配额"（DTQs）作为减少温室气体排放的经济手段。[140]其基本思路非常简单：按照《京都议定书》或者其他国际法的约定，每个国家分配到特定的碳排放配额。该配额中的大部分每年平均分配给每个公民（剩余配额由国家拍卖给出价最高的企业或组织）。例如市民X先生在Y年初时在他的"碳账户"上还有Z个单位。借助于相应的"碳信用卡"和先进的IT技术，X先生所有经济行为（比如购买燃料油或汽油）引起的二氧化碳排放都可以被检测出来，并立即从他的碳账户上被扣除。其工作原理类似于电子支付，只不过其货币不是欧元，而是碳单位。账户剩余可以在年底售出，不足则转移到下一年的账户上或者通过交易从其他碳排放量少的公民那里购买。一个充满活力的个人市场使整个体系不再僵化，同时可以通过经济刺激鼓励具有环保意识的行为。该方案尽管还不太成熟，但是开启了一个全新的值得思考的视角。

　　"个人污染配额"的想法在美国起初没有许多支持者，但是恰恰是这个没有对国际气候政策做出多少贡献的国家出现了许多令人鼓舞的信号：与目前中央政府抵制环境保护法的做法不同，许多联邦州（主要是在美国西部太平洋沿岸和东北大西洋沿岸）开始实施一系列减排措施。该活动标志性人物是时任加州州长施瓦辛格，他希望自己能以"二氧化碳终结者"的角色载入史册。他支持立法将该州的碳排放减少为零。尽管施瓦辛格的"百万太阳能屋顶计划"由于州议会的一次阴谋行径而失败,但是加利福尼亚州从中期来看不会动摇这项有利于未来的政策。特别是加州这个"阳光州"拥有更多的太阳能资源,类似的情况还会出现在处于"阳光带"的联邦州,如亚利桑那州和新墨西哥州。

同样引人关注的是来自于美国许多大城市的气候保护运动,并且在全世界赢得了许多伙伴城市。2005年2月16日(《京都议定书》生效日),西雅图市长格雷格·尼克尔斯(Greg Nickels)呼吁美国所有城市制定有效措施减少温室气体排放。2005年3月30日,该活动的领军人物——10个拥有共300万人口城市的市长——联名致信其他400位市长。2005年6月13日,《市长气候保护协议》在城市代表会议上一致通过,该协议是城市气候保护措施的自愿协定。至2011年中期,1000位市长签署了该协议,他们代表了超过8600万名美国人的利益。考虑到美国人平均的"二氧化碳责任",这8600万人从另一方面代表了全球温室气体排放的一个巨大组成部分。该城市联盟致力于3个核心目标:1.在相关地区保持或尽可能超过《京都议定书》的规定;2.鼓励各州政府和中央政府为保护气候做出更大的努力;3.说服美国国会通过立法制定全国碳排放交易。从目前效果来看,地方层面的工作已经减少了碳排放,并且强化了公民的问题意识。但是大部分国会议员似乎还没有形成这种意识。[141]

目前世界范围内也出现了许多旨在阻止全球变暖的城市联盟，除了美国的一些大城市之外（如芝加哥、纽约、旧金山和西雅图），巴塞罗那、柏林、开普敦、哥本哈根、墨尔本、墨西哥城、巴黎、北京和多伦多都扮演了重要角色。[142]但是最具雄心的是伦敦，毕竟该市拥有超过700万人口，能源消耗（70%源于建筑物和机器设备）相当于整个希腊。伦敦市长要求伦敦成为世界城市减排的范例。市政府委托伦敦发展局负责该项工作，并将目标设定为截至2025年减少二氧化碳排放60%。这是一个远大的目标，因为与欧洲其他城市不同，伦敦还在不断地增长。

为什么这么多城市加入气候保护运动中来？原因既复杂又简单：不加遏制的全球变暖将带来一系列伴生现象，如海平面升高、酷暑或移民潮，它们将重创伦敦这样的大都市。为了应对气候变化带来的挑战，城市必须从根本上重新塑造自己。另一方面，这个大城市引发的碳排放大部分都出现在一个狭小的空间里。最终这个地区在很大程度上将实行自我管理，国家职能进行有限的干预。

总的来说，城市这个系统是一个理想的地理单位，它能够很好地组织一体化地解决气候问题，也就是说通过与当事者的直接对话安排和尝试把减缓措施和适应措施组合起来。城市单位一方面足够小，以便能超越国家这艘笨拙的油轮（更别提联合国这艘缓慢的战舰了）。另一方面，它们又足够大，以便把个人的动机和行动转化为目标明确和有执行力的合作。这方面适用一句口号："不大不小，中等最好！"

除了联邦州、区县这样一些低于国家层面的政府管理机构之外，还有一些私营经济单位也在气候保护活动中做出了表率。从大型国际能源企业到乡村农业合作社，经济组织的类型多种多样，它们必须应对全球变暖的原因和影响，无论迟早，也无论它们是否愿意。很多企业已经意识到，它们当中的可持续发展先锋不仅在公众中赢得了绿色环保的形象，而且获得了实实在在的经济收益（如减少企业成本、扩大企业规划的视野和开辟新的市场）。

中等规模的环境参与者，如地方政府和企业，与社会组织以及协会（如世界自然基金会）联手合作可以帮助气候保护工作走向胜利。它们可以组成以可持续方式对待我们这个星球的"自愿者联盟"。在百姓绝望和政府犹豫不决的时候，它们有足够的认识、灵活性和权力保障成功。

中级层面的进步可以向上和向下辐射：一方面，进入市民社会，加深人们对于气候变化的认识（即气候变化的公众认知），并以其具有环保意识的行动成为各方表率（即表率作用），以便使全社会不再拒绝为了可持续发展而改变生活方式；另一方面，辐射到各国政府，它们似乎对于环境问题的规模、迫切性和杀伤力视而不见，例如迄今为止没有严肃讨论过气候损害（特别是在发展中国家）的赔偿问题。每个国家除了得到二氧化碳排放的配额之外，还应该承担碳排放造成的所有可能的损失性后果，只有这样才能实现气候公正性。排污权交易必须扩大成一种全面统一的认证体系，同时还要考虑到赔偿义务。只有这样，用于适应气候变化的资金才能流动起来。

后　记 ———————— 瓶子里的精灵

　　但愿读者们读完本书能够同意我们的观点，即应对气候变化对于全世界都是一个考验。我们试图说明，人类可以战胜这个考验，甚至把它视为一个重生的机会。但是可持续危机管理的前景并没有保障。当政府意识到它们忽视了气候问题的速度和严重性的时候，以及拯救地球的呼声越来越高的时候，它们至少还有一个一招制敌的策略进行反击。

　　这个在瓶子里静静等待的精灵就是"地球工程"。该工程投入大规模的技术，用来遏制甚至消除我们工业社会中有害的环境后果。当然，环境问题不断激起了科学家在这个领域的想象力。

　　正如所有大规模和有意识的气候操纵建议一样，解决方案可以划分为两组：一组是"宏观减缓策略"，该方案寄希望于在适合的海域撒铁来刺激能够吸收二氧化碳的微生物的生长，即刺激自然机制来消除地球碳循环过程中多余的二氧化碳。但是新的研究结果打消了人们的希望。相反，"氢弹之父"爱德华·泰勒（Edward Teller）率领的研究小组提出，可以每年向平流层发射几枚装载硫微粒的火箭。[143]硫微粒在火山爆发时被抛向大气层，通过阳光反射使地球变暗。据说这种技术可以调节，以便在温室效应增强时能够被人类引发的二氧化碳抵消，而且成本极低。还有一个计划更加离奇，即在太空合适的地点安装巨大的反光镜，通过反光镜反射阳光来遏制全球变暖。

另一组是"宏观适应策略"，对此我们只想做一个简单的介绍。其中有些方案使人想起了苏联大规模操纵自然环境的计划。此外，人们还能想到一些巨大的水文地理项目，如河流改道、建立新的海洋通道（例如以色列一直在讨论的"红海死海隧道"）或者填满陆地盆地（如刚果地区）以稳定海平面。类似这种大规模操纵生物圈的奇怪想法层出不穷。

我们在这里想强调，前文提到的二氧化碳分离和储存技术（和有计划的植树造林项目一样）不属于操纵地球系统的技术，因为这些方案是从根本上遏制二氧化碳排放。相反，其他那些简述的解决方案具有末端治理的特征，其直接目的无非是掩盖以前的失误。历史经验很遗憾地教育我们，人类在危急时刻愿意抓住任何不可靠的办法，并拔出所谓神奇瓶子的瓶塞。

正如我们在第五章阐述的那样，这样的做法完全没有必要：我们现代社会拥有无限的可能性去塑造一个可持续发展的未来，它可以从瓶子中释放出经济和社会改革的精灵。引发第二次工业革命的力量已经存在，并必须使它们解放出来。

文献与说明

1. Philipona, R., Dürr, B., Marty, C., Ohmura, A. & Wild, M. Radiative Forcing-measured at Earth's surface-corroborates the increasing greenhouse effect（《地表测量的辐射强迫证实了温室效应不断增加》）. Geophysical Research Letters 31 (2004).

2. Arrhenius, S. On the influence of carbonic acid in the air upon the tempetature of the ground（《关于空气中碳酸对于地面气温的影响》）. The London, Edinburgh and Dublin Philosophical Magazine and Journal of Science 5, 237-276 (1896).

3. Lorius, C., Jouzel, J., Raynaud, D., Hansen, J. & Le Treut, H.The ice-core record: climate sensitivity and future greenhouse warming（《冰芯记录：气候敏感性和未来的温室效应》）. Nature 347, 139-145 (1990).

4. Ruddiman, W.F. Earth's climate: past and future（《地球的气候：过去与未来》）. (Freeman, New York, 2000).

5. Rahmstorf, S. Timing of abrupt climate change: a precise clock（《气候变化的时间：一座精确的时钟》）. Geophysical Research Letters 30, 1510 (2003).

6. 欧洲南极冰芯项目（EPICA）社区成员: Eight glacial cycles from an Antarctic ice core（《从南极冰芯中得到的八个冰

川周期》). Nature 429, 623-628 (2004).

7. Petit, J.R. et al. Climate and atmospheric history of the past 420,000 years from the Vostok ice core, Antarctica (《从南极洲沃斯托克冰芯获得的过去42万年气候和大气的历史》). Nature 399, 429-436 (1999).

8. Kasting, J.F. & Catling, D. Evolution of a habitable planet (《宜居星球的进化》). Annual Review of Astronomy and Astrophysics 41, 429-463 (2003).

9. Walker, G. Schneeball Erde (《雪球地球》) (Berliner Taschenbuch Verlag, Berlin, 2005).

10. Rich,T.H., Vickers-Rich, P. & Gangloff, R.A. Polar dinosaurs (《极地恐龙》). Science 295, 979-980 (2002).

11. Zachos, J., Pagani, M., Sloan, L., Thomas, E. & Billups, K. Trends, rhythms, and aberrations in global climate 65 Ma to present (《全球气候650万年呈现的趋势、节奏和异常》). Science 292, 686-693 (2001).

12. Milankovitch, M.(ed.). Mathematische Klimalehre und astronomische Theorie der Klimaschwankungen (《数学气候学和气候变化的天文学理论》) (Borntraeger, Berlin, 1930).

13. Loutre, M.F.& Berger, A. Future climatic changes: are we entering an exceptionally long interglacial? (《未来气候变化：我们是否将要进入漫长的间冰期?》) Climatic Change 46, 61-90

(2000).

14. Paillard, D. Glacial cycles: Toward a new paradigm (《冰川周期：面对一个新的形式》). Reviews of Geophysics 39,325-346 (2001).

15. Crutzen, P. J.& Steffen, W. How long have we been in the Anthropocene era? (《我们在人类世已有多久?》) Climatic Change 61, 251-257 (2003).

16. Ganopolski, A., Rahmstorf, S., Petoukhov, V.& Claussen, M. Simulation of modern and glacial climates with a coupled global model of intermediate complexity (《用互补的全球模型模拟现代和冰川气候》). Nature 391, 351-356 (1998).

17. Dansgaard, W. et al. Evidence for general instability of past climate from a 250 kyrice-core record (《来自2500万年记录的过往气候总体不稳定的证明》). Nature 364, 218-220 (1993).

18. Severinghaus, J.P.& Brook, E. J. Abrupt climate change at the end of the last glacial period inferred from trapped air in polar ice (《从极地冰层中束缚的空气推断上次冰川末期的剧烈气候变化》). Science 286, 930-934 (1999).

19. Severinghaus, J.P., Grachev, A., Luz, B. & Caillon, N. A method for precise measurement of argon 40/36 and krypton/argon ratios in trapped air in polar ice with applications to past firn thickness and abrupt climate change in Greenland and at Siple

Dome, Antarctica（《南极极地冰中氩40/36和氪/氩气比的一种测量方法，应用于格陵兰岛和塞普尔圆顶的冰层厚度和突然的气候变化》). Geochimica Et Cosmochimica Acta 67, 325-343 (2003).

20. Voelker, A. H. L.& workshop participants. Global distribution of centennialscale records for marine isotope stage (MIS) 3: a database（《全球海洋同位素分期的百年历史记录：一个数据库》). Quaternary Science Reviews 21, 1185-1214 (2002).

21. Ganopolski, A. & Rahmstorf, S. Rapid changes of glacial climate simulated in a coupled climate model（《用相关气候模型模拟的冰川期气候快速变化》). Nature 409, 153-158 (2001).

22. Heinrich, H. Origin and consequences of cyclic ice rafting in the northeast Atlantic Ocean during the past 130, 000 years（《过去13万年大西洋西北海域环冰漂流的原因和后果》). Quaternery Research 29, 143-152 (1988).

23.Rahmstorf, S. Ocean circulation and climate during the past 120,000 years（《海洋循环和过去12万年的气候》). Nature 419, 207-214 (2002).

24. Teller, J. T., Leverington, D. W. & Mann, J. D. Freshwater outbursts to the oceans from glacial Lake Agassiz and their role in climate change during the last deglaciation（《阿加西湖淡水注入海洋和在最后冰川消退时在气候变化中的作用》). Quaternary

Science Reviews 21, 879-887 (2002).

25. Claussen, M. et al. Simulation of an abrupt change in Saharan vegetation in the mid-holocene (《中全新世撒哈拉植被突然变化的模拟》). Geophysical Research Letters 26, 2037-2040 (1999).

26. deMenocal, P. et al. Abrupt onset and termination of the African Humid Period：rapid climate responses to gradual insolation forcing (《非洲湿润期的突现与终结：气候对于日晒逐渐增加的快速反应》). Quaternary Science Reviews 19, 347-361 (2000).

27. Barlow, L. K. et al. Interdisciplinary investigations of the end of the Norse Western Settlement in Greenland (《格陵兰岛西部挪威殖民末期的跨学科调查》). The Holocene 7, 489-499 (1997).

28. Weart, S.R. The discovery of global warming (《探寻全球变暖》), (Harvard University Press, Harvard, 2003).

29. Climate Research Board. Carbon Dioxide and Climate: A Scientific Assessment (《碳与气候变化：一次科学评估》) (National Academy of Sciences, Washington, DC, 1979).

30. IPCC (政府间气候变化专门委员会). Climate Change: The IPCC Scientific Assessment (《气候变化：IPCC科学评估》) (Cambridge University Press, Cambridge, 1990).

31. IPCC. Climate Change 1995 (《气候变化1995》) (Cambridge University Press, Cambridge, 1996).

32. IPCC. Climate Change 2001 (《气候变化2001》) (Cambridge

University Press, Cambridge, 2001).

33. IPCC. Climate Change 2007 (《气候变化2007》) (Cambridge University Press, Cambridge, 2007).

34. 科学史学者Spencer Weart在其专著《探寻全球变暖》中简明生动地描述了温室效应问题的历史 (Harvard University Press 2003, 240).

35. Royer, D.L., Berner, R.A., Montañez, I.P., Tabor, N.J. & Beerling, D.J. CO_2 as a primary driver of Phanerozoic climate (《二氧化碳是显生宙气候的主推动力》). GSA Today 14,4-10 (2004).

36. Suess, H.E. Radiocarbon concentration in modern wood (《当代树木中的放射性碳浓度》). Science 122, 415-17 (1995). [译注：原著所记页码范围如此，疑误。]

37. Sabine, C. L. et al. The oceanic sink for anthropogenic CO_2 (《适合人类活动排放二氧化碳的海域》). Science 305,367-371 (2004).

38. Feely, R. A. et al. Impact of anthropogenic CO_2 on the $CaCO_3$ system in the oceans (《人类活动引起的二氧化碳对于海洋中碳酸钙的影响》). Science 305,362-366 (2004).

39. Lucht, W. et al. Climatic control of the high-latitude vegetation greening trend and Pinatubo effect (《高纬度植被绿化趋势和皮纳图博效应的气候控制》). Science 296, 1687-1689 (2002).

40. Parker, D. E. Climate-Large-scale warming is not urban

(《大规模气候变暖不是城市的问题》). Nature 432,290-290 (2004). [译注：原著所记页码范围如此，疑误。]

41. Fu, Q., Johanson, C. M., Warren, S. G. & Seidel, D. J. Contribution of stratospheric cooling to satellite-inferred tropospheric temperature trends (《平流层冷却对卫星推断对流层温度趋势的贡献》). Nature 429, 55-58 (2004).

42. Solanki, S.K.& Krivova, N.A. Can solar variability explain global warming since 1970? (《太阳可变性能解释1970年以来的全球变暖吗?》) Journal of Geophysical Research 108, 1200 (2003).

43. Hegerl, G. et al. Multi-fingerprint detection and attribution analysis of greenhouse gas, greenhouse-gas-plus-aerosol and solar forced climate change (《温室气体、温室气体-气溶胶和太阳引起的气候变化的多指纹检测与归因分析》). Climate Dynamics 13,631-634 (1997).

44. Tett,S.F.B., Stott, P. A., Allen, M. R., Ingram, W.J. & Mitchell, J. F. B. Causes of twentieth-century temperature change near the Earth's surface (《20世纪地球表面温度变化的原因》). Nature 399, 569-572 (1999).

45. Lean, J., Beer, J. & Bradley, R. Reconstruction of solar irradiance since 1610-implications for climate-change (《1610年以来太阳辐射的重构——对于气候变化的影响》). Geophysical Research Letters 22,3195-3198 (1995).

46. Foukal, P., North, G. & Wigley, T. A stellar view on solar variations and climate (《关于太阳变化和气候的恒星观》). Science 306, 68-69 (2004).

47. Hansen, J. et al. Earth's energy imbalance: Confirmation and implications (《地球能量失衡：证明与影响》). Science 308,1431-1435 (2005).

48. Schneider von Deimling, T., Held, H., Ganopolski, A. & Rahmstorf, S. Climatesensitivity estimated from ensemble simulations of glacial climate (《冰川气候集合模拟估算的气候敏感性》). Climate Dynamics 27, 149-163(2006).

49. Stainforth, D. A. et al. Uncertainty in predictions of the climate response to rising levels of greenhouse gases (《气候对温室气体上升的反应预测的不确定性》). Nature 433, 403-406 (2005).

50. IPCC (政府间气候变化专门委员会) (ed.). Special Report on Emissions Scenarios. A Special Report of Working Group III of the Intergovernmental Panel on Climate Change (《排放情境特别报告——政府间气候变化专门委员会第三次工作组特别报告》) (Cambridge University Press, Cambridge, 2000).

51. 因素三的跨度略小于辐射动力和气候敏感性的不确定性的简单组合，因为热能惰性在这里起到平衡作用：在悲观的情境下它能减缓气温上升。

52. Cox, P. M., Betts, R.A., Jones, C. D., Spall, S. A.&

Totterdell, I. J. Acceleration of global warming due to carbon-cycle feedbacks in a coupled climate model (《耦合气候模型中碳循环反馈对全球变暖的加速作用》). Nature 408, 184-187 (2000).

53. Lindzen, 个人通告.

54. Cramer W. et al. Comparing global models of terrestrial net primary productivity (NPP): overview and key results (《全球净初级生产力全球模式比较：概述和主要结论》). Global Change Biology 5, 1-15 (1999).

55. Paul, F., Kääb, A., Maisch, M., Kellenberger, T. & Haeberli, W. Rapid disintegration of Alpine glaciers observed with satellite data (《卫星数据观测到的高山冰川的快速解体》). Geophysical Research Letters 31 (2004).

56. Thompson, L. G. et al. Killimanjaro Ice Core Records: Evidence of Holocene Climate Change in Tropical Africa (《乞力马扎罗冰芯记录：热带非洲全新世气候变化的证据》). Science 298, 589-593 (2002).

57. Thompson, L.G. et al. Tropical glacier and ice core evidence of climate change on annual to millennial time scales (《热带冰川和冰芯在一年到千年尺度上的气候变化证据》). Climatic Change 59, 137-155 (2003).

58. Correll, R. et al. Impacts of a Warming Arctic (《北极暖

化 的 影 响 》) (Cambridge University Press, Cambridge, 2004). http: //www.acia. uaf.edu/. 关于格陵兰冰层信息参见 http://cires. colorado. edu/science/groups/steffen/.

59. Haas, C. et al. Reduced ice thickness in Arctic Transpolar Drift favors rapid ice retreat (《北极冰层厚度减少导致冰面快速后退》). Geophys.Res.Lett.L 17501 (2008).

60. Chylek, P. & Lohmann, U. Ratio of the Greenland to global temperature change:Comparison of observations and climate modeling results (《格陵兰与全球温度变化的比率：观测和气候模拟结果的比较》). Geophysical Research Letters 32, L14705 (2004).

61. Gregory, J. M., Huybrechts, P. & Raper, S.C.B. Threatened loss of the Greenland ice-sheet (《格陵兰冰盖即将消失》). Nature 428, 616 (2004).

62. Joughin, I., Abdalati, W.& Fahnestock, M. Large fluctuations in speed on Greenland's Jakobshavn Isbrae glacier (《格陵兰岛雅各布港伊斯布雷冰川速度的大幅波动》). Nature 432, 608-610 (2004).

63. Zwally, H. J. et al. Surface melt-induced acceleration of Greenland ice-sheet flow (《表面融冰引起的格陵兰岛冰盖流动加速》). Science 297, 218-222 (2002).

64. Rignot, E. et al. Accelerated ice discharge from the Antarctic

Peninsula following the collapse of Larsen B ice shelf (《拉尔森 B 冰架倒塌后南极半岛冰流量加速》). Geophysical Research Letters 31(2004).

65. Scambos, T.A., Bohlander, J. A., Shuman, C. A. & Skvarca, P. Glacier acceleration and thinning after ice shelf collapse in the Larsen B embayment, Antarctica (《南极洲拉尔森 B 冰架崩塌后冰川加速与变薄》). Geophysical Research Letters 31 (2004).

66. Rignot, E. et al. Acceleration of Pine Island and Thwaites Glaciers, West Antarctica (《西南极洲松岛和特威岩冰川加速》). Annals Of Glaciology 34, 189-194 (2002).

67. Hansen, J. E. A. slippery slope: How much global warming constitutes «dangerous anthropogenic interference»? (《全球变暖在多大程度上构成"危险的人类学冲突"?》) Climatic Change 68,269-279 (2005).

68. Alley, R.B., Clark, P. U., Huybrechts, P. & Joughin, I. Ice-sheet and sea-level changes (《冰架和海平面变化》). Science 310, 456-460 (2005).

69. Oppenheimer, M. & Alley, R. B. The West Antarctic Ice Sheet and Long Term Climate Policy (《西南极洲冰架和长期气候政策》). Climatic Change 64, 1-10 (2004).

70. Kemp, A., Horton, B., Donnelly, J., Mann, M.E., Vermeer, M. & Rahmstorf, S.Climate realated sea-level variations over

the past two millennia (《近两千年来气候变化与海平面变化的关系》). Proceedings of the National Academy of Science of the USA (美国国家科学院会议记录). doi: 10.173/pnas.1015619108 (2001).

71. Cazenave, A. & Nerem, R. S. Present-day sea level change: observations and causes (《当前海平面变化：观察与原因》). Reviews of Geophysics 42, 20 (2004).

72. Abb. 5 des Summary for Policy Makers (政策制定者总结).

73. Rahmstorf, S. A new view on sea level rise (《关于海平面升高的一个新观点》). Nature Reports Climate Change 4, 44-45 (2010).

74. Schwartz, P. & Randall, D. An abrupt climate change scenario and its implications for United States national security (《气候突变情景以及对于美国国家安全的影响》) (2003).

75. Curry, R. & Mauritzen, C. Dilution of the northern North Atlantic Ocean in recent decades (《近几十年北大西洋北部海水的稀释》). Science 308, 1772-1774 (2005).

76. Bryden, H. L., Longworth, H. R. & Cunningham, S.A. Slowing of the Atlanticmeridional overturning circulation at 25°N (《北纬25度大西洋经向翻转环流减缓》). Nature 438,655-657 (2005).

77. Levermann, A., Griesel, A., Hofmann, M., Montoya, M. & Rahmstorf, S. Dynamic sea level changes following changes in the thermohaline circulation (《热盐环流变化后海平面的动态变化》). Climate Dynamics 24,347-354 (2005).

78. Claussen, M., Ganopolski, A., Brovkin, V., Gerstengarbe, F.-W. & Werner, P.Simulated global-scale response of the climate system to Dansgaard/Oeschger and Heinrich events (《模拟气候系统对于丹斯伽阿德—厄施格尔事件和海因里希事件做出的全球反应》). Climate Dynamics 21, 361-370 (2003).

79. Schmittner, A. Decline of marine ecosystem caused by a reduction in the Atlantic overturning circulation (《大西洋翻转环流减少引起的海洋生态系统衰退》). Nature 434, 628-633(2005).

80. Zickfeld, K. et al. Experts' view on risk of future ocean circulation changes (《专家对于未来海洋环流变化风险的观点》). Climate Change (im Druck).

81. Becker, A. & Grünwald, U. Flood risk in central Europe (《中欧的洪水风险》). Science 300, 1099 (2003).

82.http://www.dwd.de/bvbw/appmanager/bvbw/dwdwwwDesktop?-nfpb=true&-pageLabel=dwdwww_menu2_presse&T98029gsb Document Path= Content %2F Presse%2FPressemitteilungen%2F2010 %2F201009020_gemeinsamePMDWD undUBADessau_news. html.

83. Stott, P. A., Stone, D. A., & Allen, M. R. Human contribution to the European heatwave of 2003 (《人类对于2003年欧洲热浪的影响》). Nature 432, 610-614(2004).

84. Emanuel,K.Increasing destructiveness of tropical cyclones over the past 30 years (《过去30年来热带气旋日益增强的破坏性》). Nature 436, 686-688 (2005).

85. Elsner, J.B., Kossin, J. P. & Jagger, T.H. The increasing intensity of the strongest tropical cyclones (《最强热带气旋不断增加的强度》). Nature 455(7209), 92-95. doi: 10. 1038/nature07234(2008).

86. 能量耗散的标准是风速，并和飓风的面积和时间结合在一起。如果飓风的风速、时长和体积上升，那么能源耗散也将上升。

87. Schär, C. et al. The role of increasing temperature variability in European summer heat waves (《欧洲夏季热浪中气温不断变化的影响》). Nature 427, 332-336 (2004).

88. Knutson,T.R. & Tuleya, R. E. Impact of CO_2-induced warming on simulated hurricane intensity and precipitation (《二氧化碳引起的气温升高对模拟飓风强度和降水的影响》). Journal of Climate 17, 3477-3495(2004).

89. www.metoffice.com/sec2/sec2cyclone/catarina.html.

90. Steffen, W. A Planet Under Pressure- Global Change and

the Earth System（《重压之下的星球：全球变化和地球系统》）(Springer, Berlin, 2004).

91. Krajick, K. Climate change: all downhill from here?（《气候变化：从这里开始走下坡路?》）Science 303, 1600-1602 (2004).

92. Halloy, S.R.P. & Mark, A. F. Climate-change effects on alpine plant biodiversity: A New Zealand perspective on quantifying the threat（《气候变化对高山植物多样性的影响：新西兰如何量化风险》）. Arctic Antarctic And Alpine Research 35, 248-254(2003).

93. Thomas, C. et al. Extinction risk from climate change（《气候变化的灭绝风险》）. Nature 427, 145-148(2004).

94. Hare, B. in Avoiding Dangerous Climate Change（《避免危险的气候变化》）(eds. Schellnhuber, H.J., Cramer, W., Nakicenovic, N., Yohe, G.& Wigley, T. M. L.) (London, 2005).

95. Root, T. L. et al. Fingerprints of global warming on wild animals and plants（《全球变暖对于野生动植物的影响》）. Nature 421, 57-60(2003).

96. Parry, M. L., Rosenzweig, C., Iglesias, A., Livermore, M.& Fischer, G. Effects of climate change on global food production under SRES emissions and socio-economic scenarios（《SRES排放和社会经济情境下气候变化对全球粮食生产的影

响》). Global Environmental Change 14, 53-67(2004).

97. Solow, A.R. et al. The value of improved ENSO prediction to US agriculture (《改进ENSO预测对美国农业的价值》). Climatic Change 39, 47-60(1998).

98. Süss, J. Zunehmende Verbreitung der frühsommer-Meningoenzephalitis in Europa (《欧洲夏初蜱传脑炎的传播》). Deutsche medizinische Wochenschrift 130, 1397-1400(2005).

99. The World Health Organization (世界卫生组织). The World Health Report 2002 (《世界卫生报告2002》). WHO, Genf (2002).

100. Oreskes, N. Beyond the ivory tower-The scientific consensus on climate change (《象牙塔外：关于气候变化的科学共识》). Science 306, 1686(2004).

101. Boykoff, M. T. & Boykoff, J. M. Balance as bias: global warming and the US prestige press (《作为偏见的平衡：全球变暖与美国著名媒体》). Global Environmental Change-Human And Policy Dimensions 14, 125-136(2004).

102. McCright, M. & Dunlap, R.E. Defeating Kyoto: The conservative movement's impact on U.S. climate change policy (《击败京都：保守派运动对美国气候变化政策的影响》). Social Problems 50, 348-373(2003).

103. Mooney, C. Some like it hot (《热情似火》). Mother

Jones (2005). http: //www.motherjones.com/news/feature/2005/05/
some_like_it_hot.html.

104. www.pipa. org/ OnlineReports/ ClimateChange/html/
climate070505.html.

105. Rahmstorf, S. Die Klimaskeptiker, in Wetterkatastrophen
und klimawandel-Sind wir noch zu retten? (《天气灾难与气候
变化中的气候怀疑论者：我们还有救吗?》) (ed. Münchner
Rückversicherung) (2004).

106. www.umweltbundesamt. de/klimaschutz/klimaaenderungen/
faq/.

107.《明镜周刊》, 2004. 10.4，Interview mit H. von Storch
(施托赫专访).

108. http: //inhofe. senate. gov/pressreleases/climateupdate.
htm.

109. 气候重建方法在一种气候模型中经测试效果不佳，那
么这种模型中的方法将被视为错误。参见 Wahl, E.R., Ritson, D.
M. & Amman, C. M. Reconstruction of century-scale temperature
variations (《世纪坐标上气候变化重建》). Science 312,529
(2006). 如果使用了Mann等开发的方法，那么模型测试中方法
的判断错误就非常小。参见Mann, M. E., Rutherford, S., Wahl,
E.& Amman, C. Testing the fidelity of methods used in proxy-
based reconstructions of past climate (《检验以代理数据方式

重建过去气候方法的保真度》). Journal of Climate 18, 4097-4107(2005).

110. Wahl, E. R.& Ammann, C. M. Robustness of the Mann, Bradley, Hughes Reconstruction of Surface Temperatures: Examination of Criticisms Based on the Nature and Processing of Proxy Climate Evidence (《Mann, Bradley和Hughes重建地表温度的可靠性：检测基于自然的批判主义和获取代理气候证据》). Climatic Change 85,33-69 (2007).

111. www.ipcc. ch.

112.英国首席科学家，David King爵士在其文章《气候变化科学：减轻、适应或忽略》中讨论了这三个基本可能性。

113. Zickfeld, K., Knopf, B., Petoukhov, V. & Schellnhuber, H.J. Is The Indian summer monsoon stable against global change? (《印度的夏季风在全球变化中稳定吗?》) Geophysical Research Letters 32,L15707(2005).

114. 参见 Lomborg, B. (ed) Global Crisis, Global Solutions (《全球危机，全球管理》) (Cambridge University Press, Cambridge UK, 2004).

115. Rat der Europäischen Union. Pressemitteilung zur 1939. Ratssitzung Umwelt vom 25.6.1996, Nr. 8518/96(1996) (欧盟委员会1996年6月25日第1939次环境会议公告).

116. Enquête- Kommission «Schutz der Erdatmosphäre» des

Deutschen Bundestags (Hrsg.). Klimaänderung gefährdet globale Entwicklung. Zukunft sichern-jetzt handeln [调查委员会：德国联邦议会"保护地球大气"（出版）气候变化危及全球发展，保障未来，现在行动]. Bonn-Karlsruhe (1992).

117. WBGU. Szenario zur Ableitung globaler CO_2-Reduktionsziele und Umsetzungs-strategien. Sondergutachten für die Bundesregierung（《寻求全球减排目标和实施策略的情境》）. WBGU, Bremerhaven (1995).

118. WBGU. Über Kyoto hinaus denken-Klimaschutzstrategien für das 21. Jahrhundert（《超越京都的思考：21世纪气候保护策略》）. Sondergutachten für die Bundesregierung (WBGU, Berlin 2003).

119. 会议重要结果总结参见 Schellnhuber 主编的《避免危险的气候变化》.（Cambridge University Press, Cambridge UK, 2006).

120. 参见 Pacala 等的文章《基于土地和大气的美国碳库估算》. Science 292, 2316-2320(2001).

121. The Copenhagen Diagnosis: Updating the world on the latest Climate Science（《哥本哈根诊断：更新世界最新气候科学》）. J. Allison et al. Climate Change Research Center, Sydney(2009), 第7页.

122. UNFCCC. http: //unfccc. int/ghg_ data/items/4133php.

123. Peters, G.P., Minx, J. C., Weber, Ch. L. & Edenhofer, O. Growth in emission transfers via international trade from 1990 to 2008 (《1990年至2008年通过国际贸易进行的排放转移的增长》). 美国国家科学院会议记录2011.

124. WBGU. Welt im Wandel-Energiewende zur Nachhaltigkeit (《变化的世界：实现可持续性的能源转变》). Springer, Berlin, Heidelberg(2003).

125. WBGU. Kassensturz für den Weltklimavertrag-der Budgetansatz (《为世界气候条约清点现金：预算思路》) (WBGU, Berlin 2009).

126. WBGU. Gesellschaftsvertrag für eine Große Transformation (《大转型的社会契约》) (WBGU, Berlin 2011).

127. IPCC(Intergovernmental Panel on Climate Change). Special Report on Carbon Dioxide Capture and Storage (《二氧化碳捕获和储存特别报道》). IPCC, Genf (2005).

128. Messner, S. & Schrattenholzer, L. MESSAGE-MACRO: Linking an Energy Supply Model with a Macroeconomic Module and Solving it Iteratively (《MESSAGE-MACRO: 能源供给模型与宏观经济模型的关联及其迭代解决》). Energy 25,267-282 (2000).

129. 参见Edenhofer, O., Bauer, N. & Kriegler, E. The Impact of Technological Change on Climate Protection and Welfare: Insights

from the Model MIND (《技术变化对气候保护和福利的影响：从MIND模型观察》). Ecological Economics 54, 277-292 (2005).

130. Edenhofer, O., Schellnhuber, H. J. & Bauer, N. Der Lohn des Mutes (《勇气的奖励》). Internationale Politik 59 (8), 29-38 (2004).

131. IPCC(Intergovernmental Panel on Climate Change). Climate Change 2007: Mitigation of Climate Change. Contribution of Working Group III to the Fourth Assessment Report (《气候变化2007：缓解气候变化，第三工作组对第四次评估报告的贡献》) (Cambridge University Press, Cambridge UK-New York, 2007).

132. Deutsche Physikalische Gesellschaft (德国物理学协会). Klimaschutz und Energieversorgung in Deutschland 1990—2020 (《德国的气候保护和能源供应1990—2020》). DPG (2005).

133. Czisch, G. & Schmid, J. Low Cost but Totally Renewable Electricity Supply for a Huge Supply Area-a European/ Transeuropean Example (《巨大的供应面积低成本但完全可再生的电力供应：以欧洲/跨欧洲地区为例》). www. iset. uni-kassel.de/abt/w3-w/projekte/WWEC2004pdf.

134. 参见Edenhofet, O. et al. (eds.). Endogenous Technological Change and the Eco-nomics of Atmospheric Stabilisation (《内生

技术变化与大气稳定经济学》). A Special Issue of The Energy Journal (2006).

135. Pacala, S. & Socolow, R. Stabilization Wedges: Solving the climate problem for the next 50 years with current technologies (《稳定楔：用当今技术解决未来50年的气候问题》). Science 305, 968-972 (2004).

136. Hoffert, M. I. et al. Advanced technology paths to climate stability: Energy for a greenhouse planet (《气候稳定的先进技术途径：温室行星的能量》). Science 298, 981-987 (2002).

137. Kemfert, C. The Economic Costs of Climate Change (《气候变化的经济成本》). Wochenberichte des DIW Berlin, Nr. 1/2005,43-49 (2005).

138. 参见 Stehr, N. & von Storch, H. Anpassung statt Klimapolitik: Was New Orleans lehrt (《气候政策应替代适应策略：新奥尔良的教训》). Frankfurter Aligemeine Zeitung, Ausgabe vom 21.9.2005, S.41 (2005).

139. 参见 www. uea. ac. uk/lcic/cred.

140. Fleming, D. Tradable Quotas: Using Information Technology to Cap National Carbon Emissions (《可交易配额：运用信息技术控制国内碳排放》). European Environment 7, 139-148 (1997).

141. 最新背景信息参见 www.usmayors.org/climateprotection/

revised/.

142. 参见www. theclimategroup. org.

143. 对于该技术谨慎的正面评价可以在这篇文章中找到：Crutzen, P. J. 的《平流层注入硫对反照率的增强作用：这有助于解决政策困境吗?》。

推荐文献

1. Richard B. Alley: The Two-Mile Time Machine (《两英里时间机器》) (Princeton University Press, Princeton, New Jersey, 2002).

2. Jared Diamond: Kollaps. Warum Gesellschaften überleben oder untergehen (《崩溃：社会因何生存或衰落?》)(S. Fischer, Frankfurt, 2005).

3. Ross Gelbspan: Der Klima-Gau. Erdöl, Macht und Politik (《气候高危事故：石油、权力和政治》) (Murmann Verlag, Hamburg, 1998).

4. John Houghton: Globale Erwärmung - Fakten, Gefahren und Lösungswege (《全球变暖：事实、危险和解决方法》) (Springer, Berlin, Heidelberg, 1997).

5. Intergovernmental Panel on Climate Change -IPCC: Climate Change 2007(《IPCC:气候变化2007》) (Cambridge University Press, Cambridge, 2007, www. ipcc. ch).

6. Mark Lynas: Sturmwarnung(《风暴警告》) (Riemann Verlag, München, 2004).

7. Münchner Rück (Hrsg.): Wetterkatastrophen und Klimawandel- Sind wir noch zu retten? (《天气灾难和气候变化：我们还有救

吗?》) (pg Verlag, München, 2004, www.pg-verlag de).

8. William F. Ruddiman: Earths Climate: Past and Future (《地球气候：过去和未来》) (Freeman, New York, 2001).

9. Hans Joachim Schellnhuber et al. (eds.): Avoiding Dangerous Climate Change(《避免危险的气候变化》) (Cambridge University Press, Cambridge UK, 2006).

10. Wissenschaftlicher Beirat der Bundesregierung Globale Umweltveränderungen-WBGU: Welt im Wandel-Energiewende zur Nachhaltigkeit [德国联邦政府全球环境变化科学咨询委员会(WBGU)：《变化中的世界：实现可持续性的能源转变》] (Springer, Berlin, Heidelberg, 2003).

11. Spencer R. Weart: The Discovery of Global Warming (《探寻全球变暖》) (Harvard University Press, Harvard, 2004).

关键词对照表（德汉）

8k-Event　八千年事件

Aerosole　气溶胶

Anpassung　适应

Antarktis　南极洲

Antarktisches Meer-Eis　南极海冰

Arktis　北极

Arktisches Meer-Eis　北极海冰

Atlantik (strömung)　大西洋（洋流）

Australien　澳大利亚

Biodiversität　生物多样性

Biosphäre　生物圈

China　中国

Dansgaard-Oeschger-Ereignisse　丹斯伽阿德—厄施格尔周期

Dekarbonisierung　减碳

Deutschland　德国

Dürre　干旱

Eis　冰

Eisbohrkern　冰芯

Eisschelf　冰架

Eisschild　冰盖

Eiszeit (en)　冰川期

El-Niño　厄尔尼诺现象

Emissionshandel　排放交易

Energiebilanz　能量平衡

Erdgas/-öl　天然气和石油

Europa/EU　欧洲/欧盟

FCKWs　氯氟烃

Flüsse　河流

Flut　洪水

Fossile Brennstoffe　化石燃料

Gletscher　冰川

Grönland (-Eis)　格陵兰（冰）

Großbritannien　英国

Heinrich-Ereignisse　海因里希事件

Hitzewelle　热浪

Hurrikane　飓风

Iris-Effekt　虹膜效应

Kanada　加拿大

Keeling-Kurve　基林曲线

Kernenergie　核能

Klimarahmenkonvention　《气候变化框架公约》

Klimasensitivität　气候敏感性

Kohle　煤炭

Kohlenstoff (kreislauf)　碳（循环）

Kohlenstoffspeicherung　碳储存

Kontinental-Eis　陆地冰

Kopenhagen　哥本哈根

Kosmische Strahlung　宇宙辐射

Kosten-Nutzen-Analyse　成本收益分析

Kyoto-Protokoll　《京都议定书》

Landwirtschaft　农业

Larsen-B-Eisschelf　拉尔森B冰架

Marrakesch-Fonds　马拉喀什基金

Meeresspiegel　海平面

Meeresströmungen　海洋洋流

Meerestemperaturen　海洋温度

Meteoriten　陨石

Methan　甲烷

Mikrowellenstrahlung　微波辐射

Milankovitch-Zyklen　米兰科维奇循环

Mittelmeerraum　地中海地区

Mitteltemperatur, globale　全球平均温度

Monsun　季风

Nachhaltigkeit　可持续性

Neuseeland　新西兰

New Orleans　新奥尔良

Niederschläge　降水

Nordatlantik (strom)　北大西洋（暖流）

Ökosysteme　生态系统

Ozeane　大洋

Ozeanische Zirkulation　洋流循环

Ozonloch/-schicht　臭氧空洞/臭氧层

Pazifik　太平洋

Permafrost　永久冻土

Pinatubo　皮纳图博火山

Rio-Konferenz　里约大会

Rückkopplung　回馈效应

Russland　俄罗斯

Schnee　雪

Sedimente　沉积岩

Sequestrierung　分离储存

Snowball Earth　雪球地球

Solarthermie　太阳能

Sonnenaktivität　太阳活跃性

Sonneneinstrahlung　太阳辐射

Strahlungsbilanz/-haushalt　辐射总量

Taifune　台风

Thermohaline Zirkulation　热盐环流

Treibhauseffekt　温室效应

Tropische Wirbelstürme　热带风暴

USA　美国

Vereinte Nationen　联合国

Vermeidung　减缓

Verursacherprinzip　肇事者原则

Vulkane　火山

Wald (brände)　森林（火灾）

Warmzeit (en)　温暖期

Wasserdampf　水蒸气

Wasserkraft　水力

Wassermangel　缺水

Wetterextreme　极端天气

Windkraft　风力

Wolken　云

Wostok-Eiskern　沃斯托克冰芯

Wüste　沙漠

Zirkumpolarstrom　绕极流